"十一五"国家重点图书出版规划项目

中国有色金属丛书

CNMS

铜的再生与循环利用

中国有色金属工业协会组织编写

王成彦　王　忠　编著

中南大学出版社
www.csupress.com.cn

图书在版编目(CIP)数据

铜的再生与循环利用/王成彦,王忠编著.—长沙:中南大学出版社,2010.12

ISBN 978-7-5487-0183-5

Ⅰ.铜... Ⅱ.①王...②王... Ⅲ.①二次金属—铜—生产工艺②铜—废物综合利用 Ⅳ.①TF811②X758

中国版本图书馆 CIP 数据核字(2011)第 008525 号

铜的再生与循环利用

王成彦 王 忠 编著

□责任编辑	唐少军 刘颖维
□责任印制	文桂武
□出版发行	中南大学出版社
	社址:长沙市麓山南路 邮编:410083
	发行科电话:0731-88876770 传真:0731-88710482
□印　　装	长沙利君漾印刷厂

□开　　本	787×1092 1/16 □印张 8.5 □字数 209 千字
□版　　次	2010 年 12 月第 1 版 □2010 年 12 月第 1 次印刷
□书　　号	ISBN 978 - 7 - 5487 - 0183 - 5
□定　　价	37.00 元

王海东	中南大学出版社
乐维宁	中铝国际沈阳铝镁设计研究院
许 健	中冶葫芦岛有色金属集团有限公司
刘同高	厦门钨业集团有限公司
刘良先	中国钨业协会
刘柏禄	赣州有色冶金研究所
刘继军	茌平华信铝业有限公司
李 宁	兰州铝业股份有限公司
李凤轶	西南铝业(集团)有限责任公司
李阳通	柳州华锡集团有限责任公司
李沛兴	白银有色金属股份有限公司
李旺兴	中铝郑州研究院
杨 超	云南铜业(集团)有限公司
杨文浩	甘肃稀土集团有限责任公司
杨安国	河南豫光金铅集团有限责任公司
杨龄益	锡矿山闪星锑业有限责任公司
吴跃武	洛阳有色金属加工设计研究院
吴锈铭	中国有色金属工业协会镁业分会
邱冠周	中南大学
冷正旭	中铝山西分公司
汪汉臣	宝钛集团有限公司
宋玉芳	江西钨业集团有限公司
张 麟	大冶有色金属有限公司
张创奇	宁夏东方有色金属集团有限公司
张洪国	中国有色金属工业协会
张洪恩	河南中孚实业股份有限公司
张培良	山东丛林集团有限公司
陆志方	中国有色工程有限公司
陈成秀	厦门厦顺铝箔有限公司
武建强	中铝广西分公司
周 江	东北轻合金有限责任公司
赵 波	中国有色金属工业协会
赵翠青	中国有色金属工业协会
胡长平	中国有色金属工业协会
钟卫佳	中铝洛阳铜业有限公司
钟晓云	江西稀有稀土金属钨业集团公司
段玉贤	洛阳栾川钼业集团有限责任公司
胥 力	遵义钛厂
黄 河	中电投宁夏青铜峡能源铝业集团有限公司
黄粮成	中铝国际贵阳铝镁设计研究院
蒋开喜	北京矿冶研究总院
傅少武	株洲冶炼集团有限责任公司
瞿向东	中铝广西分公司

王林生	赣州有色冶金研究所
尹晓辉	西南铝业(集团)有限责任公司
邓吉牛	西部矿业股份有限公司
吕新宇	东北轻合金有限责任公司
任必军	伊川电力集团
刘江浩	江西铜业集团公司
刘劲波	洛阳有色金属加工设计研究院
刘昌俊	中铝山东分公司
刘侦德	中金岭南有色金属股份有限公司
刘保伟	中铝广西分公司
刘海石	山东南山集团有限公司
刘祥民	中铝股份有限公司
许新强	中条山有色金属集团有限公司
苏家宏	柳州华锡集团有限责任公司
李宏磊	中铝洛阳铜业有限公司
李尚勇	金川集团有限公司
李金鹏	中铝国际沈阳铝镁设计研究院
李桂生	江西稀有稀土金属钨业集团公司
吴连成	青铜峡铝业集团有限公司
沈南山	云南铜业(集团)公司
张一宪	湖南有色金属控股集团有限公司
张占明	中铝山西分公司
张晓国	河南豫光金铅集团有限责任公司
邵 武	铜陵有色金属(集团)公司
苗广礼	甘肃稀土集团有限责任公司
周基校	江西钨业集团有限公司
郑 莆	中铝国际贵阳铝镁设计研究院
赵庆云	中铝郑州研究院
战 凯	北京矿冶研究总院
钟景明	宁夏东方有色金属集团有限公司
俞德庆	云南冶金集团总公司
钱文连	厦门钨业集团有限公司
高 顺	宝钛集团有限公司
高文翔	云南锡业集团有限责任公司
郭天立	中冶葫芦岛有色金属集团有限公司
梁学民	河南中孚实业股份有限公司
廖 明	白银有色金属股份有限公司
翟保金	大冶有色金属有限公司
熊柏青	北京有色金属研究总院
颜学柏	陕西有色金属控股集团有限责任公司
戴云俊	锡矿山闪星锑业有限责任公司
黎 云	中铝贵州分公司

有色金属是重要的基础原材料，广泛应用于电力、交通、建筑、机械、电子信息、航空航天和国防军工等领域，在保障国民经济建设和社会发展等方面发挥了不可或缺的作用。

改革开放以来，特别是新世纪以来，我国有色金属工业持续快速发展，已成为世界最大的有色金属生产国和消费国，产业整体实力显著增强，在国际同行业中的影响力日益提高。主要表现在：总产量和消费量持续快速增长，2008 年，十种有色金属总产量 2 520 万吨，连续七年居世界第一，其中铜产量和消费量分别占世界的 20% 和 24%；电解铝、铅、锌产量和消费量均占世界总量的 30% 以上。经济效益大幅提高，2008 年，规模以上企业实现销售收入预计 2.1 万亿以上，实现利润预计 800 亿元以上。产业结构优化升级步伐加快，2005 年已全部淘汰了落后的自焙铝电解槽；目前，铜、铅、锌先进冶炼技术产能占总产能的 85% 以上；铜、铝加工能力有较大改善。自主创新能力显著增强，自主研发的具有自主知识产权的 350 kA、400 kA 大型预焙电解槽技术处于世界铝工业先进水平，并已输出到国外；高精度内螺纹铜管、高档铝合金建筑型材及时速 350 km 高速列车用铝材不仅满足了国内需求，已大量出口到发达国家和地区。国内矿山新一轮找矿和境外矿产资源开发取得了突破性进展，现有 9 大矿区的边部和深部找矿成效显著，一批有实力的大型企业集团在海外资源开发和收购重组境外矿山企业方面迈出了实质性步伐，有效增强了矿产资源的保障能力。

2008 年 9 月份以来，我国有色金属工业受到了国际金融危机的严重冲击，产品价格暴跌，市场需求萎缩，生产增幅大幅回落，企业利润急剧下降，部分行业已出现亏损。纵观整体形势,我国有色金属工业仍处在重要机遇期,挑战和机遇并存,长期发展向好的趋势没有改变。今后一个时期,我国有色金属工业发展以控制总量、淘汰落后、技术改造、企业重组、充分利用境内外两种资源,提高资源保障能力为重点,推动产业结构调整和优化升级,促进有色金属工业可持续发展。

实现有色金属工业持续发展,必须依靠科技进步,关键在人才。为了全面提高劳动者素质,培养一大批高水平的科技创新人才和高技能的技术工人,由中国有色金属工业协会牵头,组织中南大学出版社及有关企业、科研院校数百名有经验的专家学者、工程技术人员,编写了《中国有色金属丛书》。《丛书》内容丰富,专业齐全,科学系统,实用性强,是一套好教材,也可作为企业管理人员和相关专业大学生的参考书。经过编写、编辑、出版人员的艰辛努力,《丛书》即将陆续与广大读者见面。相信它一定会为培养我国有色金属行业高素质人才,提高科技水平,实现产业振兴发挥积极作用。

康义

2009 年 3 月

前　言

　　有色金属再生与利用作为循环经济建设的重要环节，受到国家的高度重视和社会各界的普遍关注。2004 年中国政府首次将废金属的再生利用作为国民经济中的一个产业门类，并开始着手制定产业发展规划和相关的产业政策，这是再生金属产业发展史上前所未有的。与此同时，国内外社会各界也十分关注中国再生金属产业的发展状况与今后的走势，在不同的场合与不同的会议上，曾多次提出了该问题。近年来，我国出台了一系列法规、法律和政策，鼓励再生利用项目。2006 年国务院颁布的《国民经济和社会发展第十一个五年规划纲要》中明确提出要"建立生产者责任延伸制度，推进废纸、废旧金属、废旧轮胎和废弃电子产品等的回收利用"，"推动钢铁、有色、煤炭、电力、化工、建材、制糖等行业实施循环经济改造，形成一批循环经济示范企业"，建设若干 30 万吨以上的再生铜、再生铝、再生铅示范企业。2007 年，党的十七大又提出促进循环经济形成较大规模。2009 年 1 月 1 日《中华人民共和国循环经济促进法》生效实施，为循环经济发展提供了法律保障。实施好《中华人民共和国循环经济促进法》是落实科学发展观，实现"十一五"节能减排目标，建设资源节约型、环境友好型社会的重大举措。

　　在政策和市场的双重驱动下，国内再生有色金属业快速发展，再生金属产业作为循环经济建设的重要领域取得了很大发展，产量增长较快、技术工艺进步明显、产业集中区域和回收交易市场的发展加快。同时，国家和各级地方政府对再生金属产业的重视程度进一步提高，产业发展环境不断完善，更加有利于产业的健康发展。再生金属产业呈现良好的发展态势。

　　随着中国工业化进程的加快和世界经济的发展，大量不可再生的矿产资源被持续消耗，资源供需矛盾日趋紧张。中国是铜资源十分紧缺的国家，同时又是铜冶炼加工业发展最快的国家。目前已经成为世界上最大的铜生产和消费大国。据中国有色金属工业协会统计，"十五"期间中国铜加工业的年产量平均增长23.9%，消费量年均增长 17.9%，居世界首位。

　　铜是世界国民经济建设中具有战略意义的基础原材料，再生铜产业是中国铜产业链中十分重要的环节。再生铜产业既是中国循环经济建设的重要部分，也是中国建设节约型社会的重要内容。近年来，中国的再生铜产业得到了快速发展，无论是产业规模、产业结构，还是技术装备、环境保护措施，都发生了很大的变化。再生铜产业现已成为有色金属工业中最活跃的一个门类。但与发达国家相比，中国再生铜产业在产品品质、产业结构、技术水平和产业配套等方面尚有不小的差距。未来几年，中国的再生铜产业仍然具有较大的发展空间。

　　本书的编著得到了国家自然科学基金委员会的大力资助（项目批准号50734005），在此表示衷心感谢。

编　者
2010 年 6 月

目　录

第 1 章　铜的循环利用概况

1.1　资源在可持续发展中的地位

　　发展是人类社会永恒的主题。自从人类诞生以来，就不懈地追求生产力的发展和社会文明的提高。从工业革命以来，人类社会就步入了一个快速发展的时代。随着技术革命的进步，生产力迅速发展，人类所创造的物质财富急剧增加，生活也日趋舒适。但半个世纪以来，世界人口增长了一倍，资源消耗量的急剧增加导致了粮食短缺与能源紧缺。由于不合理开发利用资源所造成的环境污染导致了生态环境恶化，已严重地威胁到人类自身的生存。当代世界的主流是和平与发展，人类社会经济发展中的诸多问题又以人口、资源和环境 3 大问题为甚。无论是发达国家、发展中国家，还是欠发达国家，都不同程度地存在这 3 大问题。

　　可持续发展的概念来源于生态学，最初应用于林业和渔业，指的是对资源的一种管理战略，如何仅将全部资源中的一部分加以收获，使得资源不受破坏，而新成长的资源数量足以弥补收获的数量。之后，这一词汇很快被用于农业、开发和生物圈，而且不限于考虑一种资源的情形。人们现在关心的是人类活动对多种资源的管理实践之间的相互作用和累积效应，范围则从几个大区扩大到全球。

　　地球上的自然资源是有限的，它们是经济发展的基础。环境容量也是有限的，从根本上说，它是人类社会发展的最终极限。可持续发展以自然资源为基础，与生态环境相协调，强调经济和社会发展不超越资源和环境的承载能力，强调控制人口数量、提高人口素质，强调采用"适用技术"，保证以可持续的方式利用自然资源，并满足人们对经济发展和环境良好的要求。要实现可持续发展，必须使自然资源的耗竭速率低于资源的再生速率，必须通过转变发展模式，从根本上解决环境问题。

　　中国资源总量和品种居于世界前列，但按人均计算则处于非常落后的状态。近年来，我国能源利用效率明显提高。从能源消费来看，按 1990 年不变价格计算，至 2007 年，每万元 GDP 能耗降幅超过 60%。但与发达国家相比，我国的总体能源利用效率仍偏低，为 33% 左右，低约 10%。据有关机构研究，按 2007 年汇率计算的每百万美元国内生产总值能耗，我国为世界平均水平的 3.16 倍，为美国的 3.22 倍，欧盟的 4.9 倍，日本的 8.7 倍。主要工业产品的单耗总体上平均仍比国外高 30% 以上，电力、钢铁、有色金属、石化、建材、化工、轻工、纺织 8 个行业主要产品的单位能耗平均比国际先进水平高 40%。

　　从 20 世纪 50 年代末到 90 年代，我国每年沙化扩大土地面积从 500 km² 增加到 2 460 km²，全沙漠化土地面积已占国土面积的 18.2%。在 18 个省的 471 个县内，近 4 亿人口的耕地和家园受到不同程度的沙漠化的威胁；全国水土流失面积已占国土面积的 38%，并仍在继续扩大；大量占用耕地，导致耕地面积急剧减少。据 2002 年的统计数据，我国人口占世界人口的 20.7%，耕地占世界的 9.3%。1980 年人均耕地近 2 亩，到 2003 年已减少到 1.43 亩。据测算，每减少 1

亩耕地,就造成 1.4 个农民失业;失地农民继续增加将带来巨大的社会问题。

随着耕地面积缩小和人口增加,粮食缺口正在扩大。有专家按现有耕地面积和单产推算,2030 年我国人口将增加到 16 亿,人均消费 400 kg 粮食,届时全国需要粮食 6.4 亿吨,缺口将达 2 亿吨。

我国环境保护部公布的 2008 年中国环境状况公报显示,2008 年全国地表水污染依然严重。7 大水系水质总体为中度污染,浙闽区河流水质为轻度污染,西北诸河水质为优,西南诸河水质良好,湖泊(水库)富营养化问题突出。长江、黄河、珠江、松花江、淮河、海河和辽河 7 大水系水质总体与上年持平。200 条河流 409 个断面中,Ⅰ ~ Ⅲ类、Ⅳ ~ Ⅴ类和劣Ⅴ类水质的断面比例分别为 55.0%、24.2% 和 20.8%。其中,珠江、长江水质总体良好,松花江为轻度污染,黄河、淮河、辽河为中度污染,海河为重度污染。目前,我国人均淡水资源仅为世界平均水平的 1/4,是全球 13 个人均水资源量最贫乏的国家之一,到 2030 年,我国实际可利用水资源接近合理利用上限,水资源开发难度极大。

中国矿产资源在世界占有重要地位,我国有 151 种矿产资源探明了储量,其中 20 多种矿产探明的储量居世界前列,是世界资源大国。我国矿产资源虽然总量丰富,但人均占有量不足,仅为世界人均水平的 58%,居世界第 53 位。我国的矿产资源主要存在 3 个问题:一是支柱性矿产后备储量不足,而储量较多的则是部分用量不大的矿产;二是中小矿床多、大型特大型矿床少,支柱性矿产贫矿和难选矿多、富矿少,开采利用难度很大;三是资源分布与生产力布局不匹配。

随着工业化和城镇化进程的加快,石油需求将呈强劲增长态势。如不采取积极有效的措施,到 2020 年,我国对国际石油市场的依存度将达 50% 左右。除石油资源外,一些重要矿产资源不足的矛盾也日益突出,某些重要原材料长期进口。我国人均用电量只有 1 038 kW·h,仅相当于发达国家的 1/10。要解决资源战略问题,必须大力开展能源节约与资源综合利用,特别是要把节约和替代石油放在突出位置,这是保障国家经济安全和长远发展的重大战略措施。

我国资源短缺是客观存在的,未来经济社会发展同资源的矛盾会越来越突出,某些资源的短缺甚至会危及国家安全。在 21 世纪,中国的经济发展将保持较快的增长速度。在这样的形势下,是继续沿用传统的高消耗、高污染带动经济的高增长,还是通过发展新经济,以高新技术来推动中国经济和社会的可持续发展,已经刻不容缓地成为中国的重要抉择。循环经济则是按照生态规律利用自然资源和环境容量,实现经济活动的生态化转向。要求经济活动按照自然生态系统的模式,组织成"资源—产品—再生资源"的物质反复循环流动过程,使整个经济系统以及生产和消费过程基本不产生或只产生很少的废弃物,从根本上消解长期以来环境和发展之间的尖锐冲突。

人类不可能无限制地向自然索取,地球也不可能无限制地接纳各种废弃物。正如自然界存在的各种平衡一样,资源循环也是维持人类与自然和谐共处的一个法则,早一天认识并遵守这个规律,社会就可能持续发展,否则就会为此付出惨痛的代价。

由中国科学院院长路甬祥院士担任总主编、中国 184 位专家学者历时两年零八个月编纂完成的《中国可持续发展总纲(国家卷)》2007 年 2 月 11 日在北京首发。这部权威学术巨著称,到 2050 年,中国将全面达到中等发达国家可持续发展水平,进入世界总体可持续发展能力前十名的国家行列，并在全国范围内基本消除贫困。《中国可持续发展总纲（国家卷）》全面系统地总结了中国实施可持续发展战略的经验和规律，针对"人与自然"的关系和"人与人"的关系这两大本质内涵，深入探讨了中国可持续发展领域的各个方面，除提出中国未来50年可持续发展进入世界前十位、在全国范围消除贫困外，还包括：到2050年，能有效克服人口、粮食、能源、资源、生态、环境、社会公平等制约可持续发展的瓶颈，确保中国人口安全、食物安全、信息安全、能源安全、公共健康安全、生态环境安全；到2050年，中国人口平均预期寿命可达85岁；到2050年，中国4大基本指数控制在恩格尔系数平均0.15以下、基尼系数平均在0.35～0.40之间、人文发展指数平均超过0.90、二元结构系数平均1.5左右；到2050年，全国人均受教育年限从现在的8.2年提升到14年以上；到2050年，科学发展对整体国民经济贡献率超过75%；到2050年，单位GDP能源和资源消耗所创造的价值，要在2005年的基础上分别提高15和20倍。

中国在全国范围内基本消除贫困需分4个阶段，即2020年基本消除"贫困县"、2030年基本消除"贫困乡"、2040年基本消除"贫困村"、2050年基本消除"贫困户"。为实现上述目标，《中国可持续发展总纲（国家卷）》提出要构建资源节约型社会的制度、政府、生产、消费、城市、农村、家庭、文化等8大体系，同时建立产业、土地、生态、灾害、社会等5大国家补偿制度。

可持续发展方针，就是人类实现与地球环境永续协调与和谐共存的发展方针。要达到这个目的，就必须适度控制人口，搞好人口的计划生育；合理利用自然资源，做到资源和能源的有效使用，永续使用及循环综合利用；实施社会生产和生活消费的无害化排放或零排放，从而达到持续地发展人类经济文化，保护地球环境，提高人民物质文化生活及健康水平的目的。

1.2 铜在可持续发展中的地位

铜是一种重要的有色金属，在国民经济建设领域中用途广泛，是一种国防军工所需的重要战略物资。

根据美国地质调查局资料，2005年世界铜储量为4.7亿吨，储量基础为9.4亿吨（表1-1）。铜储量广泛分布在世界许多国家和地区，深海底和海山区的锰结核及锰结壳中的铜资源量约有7亿吨，主要分布在太平洋，另外洋底或海底热泉形成的贱金属硫化物矿床中也含有大量的铜资源。世界铜储量居前的国家是智利和美国，两国合计占世界铜储量和储量基础的39.36%和45.74%。其他储量较多的国家和地区还有秘鲁、中国、波兰、赞比亚、俄罗斯、墨西哥、印度尼西亚、加拿大、澳大利亚、哈萨克斯坦、刚果（金）和菲律宾等。2003年世界铜储量和储量基础的人均占有量分别为107 kg和157 kg。按照2006年全球矿山铜产量1 550万吨计算，现有储量静态保证年限仅为30多年。

表 1-1 2005 年世界铜资源状况 万吨

国家和地区	储量	储量基础	国家和地区	储量	储量基础
智利	14 000	36 000	澳大利亚	2 400	4 300
美国	3 500	7 000	俄罗斯	2 000	3 000
秘鲁	3 000	6 000	赞比亚	1 900	3 500
波兰	3 000	4 800	哈萨克斯坦	1 400	2 000
印尼	3 500	3 800	加拿大	700	2 000
墨西哥	2 700	4 000	其他	6 300	11 300
中国*	2 600	6 300	世界总计	47 000	94 000

资料来源：（1）Mineral Commodity Summaries 2005，2006；

　　　　　（2）* 为美国地质调查局估计数。

我国铜储量居世界第七位，其特点是储量分散、大型矿床少、含铜品位低，可利用高品位铜资源数量相对少。根据国土资源部《全国矿产资源储量通报》，至 2002 年底，我国查明铜矿产地 985 处，查明资源储量 6 752.17 万吨。其中，全国已开采利用的铜矿产地 601 处，约占全国查明资源储量的 67.1%，可供今后利用的铜矿产地 199 处，约占全国查明资源储量的 25.05%，其余为暂难利用铜矿矿产地。我国 2003 年铜储量和基础储量的人均占有量分别为 13.2 kg 和 21.7 kg，大大低于世界人均水平。

中国、美国、日本和德国是世界上铜消费大国，合计约占世界总消费量的 50%。世界铜的消费结构一直比较稳定。美国铜的消费结构为：建筑业 46%、电器和电子工业 23%、工业机械和设备 10%、运输设备 10%、日用消费品 11%。

2007 年我国铜的消费结构为：电力行业约 44%、建筑行业为 19% 左右、空调制冷业 15% 左右、交通运输和电子行业分别占 7% 和 9%、其他行业为 6% 左右。

近年来，世界铜的生产、消费情况见表 1-2、表 1-3。

表 1-2 世界精炼铜产量 万吨

国 家	2003 年	2004 年	2005 年	2006 年
智利	290	284	282	287
中国	184	220	258	300
美国	131	131	126	140
日本	143	138	139	158
俄罗斯	82	89	101	105
德国	60	65	64	65
韩国	51	50	51	58
印度	39	42	52	57
波兰	53	55	56	56

续表 1-2

国 家	2003 年	2004 年	2005 年	2006 年
秘鲁	52	51	51	52
加拿大	45	53	52	48
澳大利亚	48	49	47	48
墨西哥	36	40	46	46
赞比亚	36	41	44	50
世界总计	1 524	1 585	1 667	1 744

资料来源：（1）2000—2005 年数据来自 World Metal Statistics Yearbook 2006；

（2）2006 年数据来自 Antaike 2007，个别数据作了调整。

表 1-3 世界铜消费量   万吨

国家和地区	2002 年	2003 年	2004 年	2005 年	2006 年
中国	273.7	308.4	336.4	363.9	380.0
美国	236.4	229.0	241.0	227.0	225.0
德国	106.7	101.0	110.0	111.8	138.5
日本	116.4	120.2	127.9	122.7	130.0
韩国	93.6	90.0	94.0	85.3	82.0
意大利	67.3	66.5	71.5	67.6	78.0
俄罗斯	35.5	42.2	52.6	63.5	67.5
中国台湾	65.6	61.9	69.0	63.8	63.0
法国	56.1	55.1	53.6	47.2	47.5
印度	29.5	30.8	34.2	39.8	40.0
墨西哥	38.3	41.0	47.5	47.1	47.0
巴西	27.4	30.0	33.5	33.7	34.3
土耳其	22.5	26.5	27.5	31.5	33.0
世界合计	1 504	1 536	1 674	1 682	1 766

资料来源：（1）2000—2005 年数据来自 World Metal Statistics Yearbook 2006；

（2）2006 年数据来自 Antaike 2007，个别数据作了调整。

中国是世界铜资源大国，也是全球最大的铜消费国、铜加工制造业基地与铜基础产品输出国。但是基于资源禀赋关系，我国铜资源供需矛盾非常突出，铜资源依然是制约我国铜产业顺利发展的瓶颈因素，加快发展铜资源循环经济已是时代的要求。目前，我国正处于工业化进程之中，按照矿产资源需求生命周期理论，在工业化完成之前，随着我国经济建设的深入，对铜资源的消费强度也将随着人均 GDP 的增加而增加。这一点已经在发达国家工业化进程的演变中得到证实。目前，发达国家铜的人均年消费量在 10～20 kg，而我国铜人均年消费量才 3 kg 左右，与发达国家相比差距很大。考虑到我国农村人口基数庞大，即便是实现了工业化,我国农村人口铜年均消费量也未必能够超过 5 kg。综合考虑各种因素,到我国工业化基本完成之时,以人口 14 亿与人均铜年消费量 7.5 kg 为标准计算,届时我国对铜的消费量将可能达到 1 050 万吨,存在巨大的供需缺口。2006—2009 年间我国铜供需平衡状况见表 1-4。

表 1-4　我国铜供需平衡状况　　　　　　　　　　　　万吨

项目	2006 年	2007 年	2008 年	2009
产量	300	349.7	373.9	411.0
净进口量	58.4	136.8	136.3	311.2
供应量	358.3	486.5	510.2	722.2
消费量	380.0	456.2	490.0	560.0
供需平衡	-21.7	30.3	20.2	162.2

注:此表部分数据取自安泰科。

铜之所以被人们视为一种"可再生"的资源,是因为它可以在回收时保持原有性质(物理性质或化学性质)。某些条件下,铜可以被重新熔化然后再利用,不需要添加其他工序。铜的回收利用取决于废品回收系统的效率、技术因素、经济因素、产品规格、社会价值以及政府规划等。

所谓铜资源循环利用就是对一次资源开发利用过程中所产生的各种含铜废弃物进行回收重复利用,也就是当前循环经济所倡导的"资源—产品—再生资源"的循环经济理念的具体体现。目前,我国含铜废弃资源丰富,具备发展铜资源循环经济的资源基础。

循环经济是一种新的经济理念,与传统经济相比具有低能耗、低污染、高效益的明显优势,是在传统经济发展模式上的一次革命。由于我国铜矿资源保障程度偏低,资源供需缺口大,而且我国铜矿资源的使用成本普遍高于世界,竞争能力十分有限,发展铜资源循环经济已是市场经济运行和社会发展的必然选择。

1.3　一些国家、地区资源和有色金属资源回收循环利用情况

1.3.1　概述

自从 1992 年巴西"世界环发大会"上公布的"世界 21 世纪议程"中提出可持续发展方针以后,资源再生事业以对资源永续利用和改善城乡环境、抑制地球生态恶化的多重作用受到格外重视。在可持续战略指导下,世界各国尤其是西方发达国家日益将循环经济理念贯彻到环境保护和资源开发利用的实施方略中,把经济活动运作成为"自然资源—产品—再生资源"的闭环反馈式流程,注重再生资源的回收利用,整个经济活动基本上不产生或很少产生真正意义上的废弃物,从而使经济活动对自然资源和环境承载负荷的影响控制在最低限度。其中德国、美国和日本等主要发达国家注重对废弃物资源的立法活动,通过法律手段推进废弃物的回收利用工作,成效尤为显著。

　　有色金属循环利用无须矿山建设,与原生金属生产相比,金属的分离与提取工艺投资较少;金属循环利用的生产能耗要比原生金属低得多(见表1-5),二次资源一般不含硫、砷等,金属循环利用产生的固体废料很少。

表1-5　从矿石生产金属和从二次资源生产金属的能量消耗比较

金属	能耗/(GJ·t⁻¹)			能量节省比例/%
	从矿石生产原生金属	从废品生产金属	节省能量	
镁	372	37.2	335	90.1
铝	353	12	341	96.6
镍	150	15	135	90.0
铜	107	32	75	70.1
锌	68	19	49	72.1
铁	33	14	19	57.6
铅	28	10	18	64.3

　　有色金属再生利用的特点及国际上的发展特点如下:

　　①再生利用的节能率高,减排 CO_2 的效果大。以数量最大的铝为例,再生铝仅占矿产铝能耗的2.6%。铜、铅、锌再生金属的节能率分别为70.1%、64.3%和72.1%,金、银、铂等贵金属和镍、铬、钛、铌、钴等稀有金属的再生金属的节能率为60%~90%。

　　②品种繁多、价值较高,有利于稳定回收。如铜、铝、铅、锌等废金属的价格远较废钢为高,贵金属和稀有金属的价格更高,故尽管含量少、回收难度大,仍然受重视。

　　③由于用途广泛,废金属的形态不同,回收技术、难易程度和回收率亦差别较大。一般生产厂的废屑基本就地全部利用,大宗废件和单一金属等易回收部分回收率高,而散存于垃圾中的废金属则回收率较低。由于以上特点,近30年来有色金属的再生虽有波动,但总体呈上升趋势。

　　世界大部分金属都能以再生金属的形式循环利用。再生金属可分为两类:一类是工厂在加工金属制品过程中切削下来的边角碎料,实际上就是新的精炼金属,称之为"新碎料";另一类是废旧金属产品(成品)的回收,称之为"旧料"。新碎料可以回炉熔化后直接利用,旧料则需要拆解、分拣、除杂质、熔化、成分调整后再利用。

　　国外循环使用的金属包括铁和钢、锰、铬、钴、钒、钛、钨、锡、钼、汞、铝、铜、铅、锌、镍、镁、铍、铌、钽、金、银、铂族金属、镉、镓、铟、硒和锆等,有30余种。

　　工业发达国家再生金属产业规模大,再生金属循环使用比率高。目前,世界发达国家再生资源产业规模已达6 000亿美元,预计2010年可达18 000亿美元。再生资源年回收总值已达5 000亿美元,并以每年15%~20%的速度增长。西方发达国家废金属的回收率(指年总回收量占总消费量的密度)为40%~50%。

　　1.再生铝

　　近10年来世界再生铜产量已占原生铜产量的40%~55%,其中美国约占60%,日本约占45%，德国约占80%；世界再生铝产量占原生铝产量的25%～50%，世界再生铅产量占原生铅产量的40%～60%；锌、镍、镁、锡、锑等再生资源也得到不同程度的利用。

再生铝资源在整个铝工业原料中的密度已越来越大。2004年世界再生铝的产量755.96万吨，占精炼铝产量和消费量的25.18%和25.61%（见表1-6）。

发达国家再生铝与原铝的比例已接近或超出1：1。2004年美国、日本、意大利再生铝产量占精炼铝产量的比例达100%以上，德国97.11%，英国57.12%，法国52.39%。世界平均再生铝产量占精炼铝产量和消费量各25%左右。再生铝主要是从汽车工业、航天工业、建筑业的废铝铸件以及包装工业特别是铝制饮料罐（易拉罐）等回收。就全球来说，汽车工业和航天工业的废铝回收率最高，达到了90%～95%；其次是建筑业，达到80%～85%；废铝罐回收率在30%～90%不等。欧洲一些国家，如挪威和瑞典的废铝罐回收率特别高，达到95%，北美废铝罐回收率在50%左右。

表1-6　世界再生铝的产量

国家	再生铝产量（铝）/万吨					占本国精炼铝产量（2004年）比率/%	占本国铝消费量（2004年）比率/%
	2000年	2001年	2002年	2003年	2004年		
美国	345.00	297.00	292.00	293.00	297.70	>100.00	51.33
日本	121.36	117.03	123.99	126.14	101.48	>100.00	50.26
德国	57.23	62.29	66.61	68.04	65.52	97.11	37.4
意大利	59.69	57.83	59.13	59.40	61.90	>100.00	62.74
挪威	25.46	22.39	27.10	25.68	34.87	26.38	>100.00
巴西	22.92	25.72	25.35	24.80	25.35	17.39	38.94
法国	27.00	26.39	26.19	23.98	23.64	52.39	31.58
墨西哥	28.73	21.64	21.64	21.64	21.64	>100.00	>100.00
英国	24.13	24.86	20.54	20.54	20.54	57.12	46.79
加拿大	14.80	18.00	18.50	1.50	18.50	7.14	23.64
澳大利亚	10.97	12.72	12.75	12.72	12.72	6.73	40.61
中国	19.52	20.43	18.98	41.51	—	6.93（2003年）	8.02（2003年）
世界总计	819.70	762.36	764.87	765.61	755.96	25.18	25.61

资料来源：World Metal Statistics April 2005。

目前发达国家已形成完善的废杂铝收集、管理、分检系统。为适应不断扩大的市场要求，发达国家在生产中不断推出新的技术创新举措，如低成本的连续熔炼和处理，使低品位废杂铝升级的工艺等。

2.再生铜

许多国家对铜的需求在很大程度上依靠再生铜来满足，2004年世界再生铜的产量为547.1万吨，占精炼铜产量和消费量的34.74%和33.45%（见表1-7）。

表1-7　世界再生铜的产量

国家	2003年再生铜产量（Cu）/万吨			2004年再生铜产量（Cu）/万吨			占本国精炼铜产量（2004年）的比例/%	占本国铜消费量（2004年）的比例/%
	新料	旧料	合计	新料	旧料	合计		
日本	107.9	17.3	125.2	108.2	19.5	127.7	92.53	99.87
美国	109.9	5.3	115.2	109.9	5.1	115.0	87.79	47.52
德国	23.4	37.0	60.4	23.4	37.0	60.4	91.52	54.53
意大利	48.2	2.7	50.9	48.2	3.4	51.6	>100.00	71.83
中国	—	42.6	42.6	—	42.6	42.6	20.93	13.31
俄罗斯	—	15.0	15.0		15.0	15.0	16.95	26.91
比利时	—	20.0	20.0		14.0	14.0	34.79	55.98
英国	12.0	—	12.0	12.0	—	12.0	—	49.30
奥地利	2.0	6.5	8.5	2.0	7.4	9.4	>100.00	>100.00
巴西	6.6	—	6.6	6.6	—	6.6	31.73	19.40
世界总计	386.2	176.6	562.7	373.9	143.4	547.1	34.74	33.45

资料来源：World Metal Statistics April 2005。

2004年美国再生铜产量占本国精炼铜产量和消费量的87.79%和47.52%。日本国内铜资源缺乏，其再生铜产量约占其本国精炼铜产量和消费量的92.53%和99.87%。德国、意大利、奥地利和比利时等国家的再生铜也均占有很大比例。2004年世界再生铜产量平均占世界精炼铜产量的34.74%和消费量的33.45%。废铜主要来自铜工业生产过程中产生的废料（新碎料）和废弃品（旧料）。旧料如电力系统的废旧变压器、电动机、电缆以及运输系统和旧建筑物拆解的废旧铜材和铜基材料等。一般回收新碎料的比例要高于回收旧料，2004年世界回收的新碎料占再生铜总量的2/3以上。回收的废杂铜一般需经两步处理，第一步是进行干燥处理并烧掉机油、润滑脂等有机物；第二步才是提炼金属，将金属杂质在熔渣中除去。德国精炼公司（NA）胡藤维克凯撒工厂（HK）是目前世界上最大最先进的废杂铜精炼厂。

3. 再生铅

世界发达国家对再生铅的回收都十分重视，许多国家再生铅的产量已超过了原生铅产量。2004年世界再生铅产量326.98万吨，占精炼铅产量和消费量的45.06%和45.89%左右（见表1-8）；2004年美国、德国、日本、意大利、法国的再生铅产量均占本国精炼铅产量和消费量的50%以上。全世界再生铅产量占精炼铅产量和消费量平均在45%以上。

表1-8　世界再生铅产量

国家	再生铅产量（Pb）/万吨					占本国精炼铅产量（2004年）的比例/%	占本国铅消费量（2004年）的比例/%
	2000年	2001年	2002年	2003年	2004年		
美国	70.39	73.40	75.40	75.40	80.39	58.27	58.86
中国	10.29	9.74	10.52	9.74	24.00	13.25	17.16

续表 1-8

国家	再生铅产量(Pb)/万吨					占本国精炼铅产量(2004年)的比例/%	占本国铅消费量(2004年)的比例/%
	2000年	2001年	2002年	2003年	2004年		
德国	21.67	21.88	23.87	22.12	22.66	58.66	57.22
日本	18.20	17.50	17.30	19.03	18.55	66.25	63.66
英国	17.10	16.34	16.69	16.69	16.69	45.53	51.33
意大利	16.63	16.86	15.52	16.57	16.16	80.20	58.87
加拿大	12.50	10.39	11.47	10.49	11.04	45.73	>100.00
法国	15.82	14.33	11.16	9.62	10.56	100.00	56.50
西班亚	12.00	12.16	11.60	10.20	9.91	100.00	43.83
墨西哥	9.00	9.00	9.00	9.00	9.00	25.57	35.12
世界总计	286.60	288.58	296.20	305.75	326.98	45.06	45.89
占世界精炼铅产量比例/%	42.84	43.78	44.07	44.29	45.06	—	—
占世界铅消费量比例/%	44.68	44.05	43.18	43.69	45.89	—	—

资料来源: World Metal Statistics April 2005。

再生铅原料来源较多,主要是回收废旧铅酸蓄电池、电缆包皮、印刷合金、铅锡焊料、各类轴承合金等。由于再生铅是从铅废料中直接回收,不像原生铅那样需要经过采矿、选矿等工序,所以不需要矿山和冶炼厂建设投资,因此与从矿石中提取铅相比,再生铅生产周期短,能源消耗少,成本明显偏低。据有关专家测算,再生铅能耗仅为原生铅的 25.1%~31.4%,工厂投资也不到生产原生铅建厂资金的一半,生产成本比原生铅生产成本低 38%左右。

4. 再生锌

从世界范围看,再生锌工业已成为整个锌工业的重要组成部分。据美国锌贸易公司估计,全世界每年消费的锌中(包括锌金属和化合物),原生锌占 70%,再生锌占 30%。据国际锌协会估计,目前西方世界消费的锌锭、氧化锌和锌粉,30%来自锌废料。美国 2004 年从废料和新碎料中回收生产再生锌约 40 万吨,其中从新碎料中回收 34.5 万吨,从旧料中回收 5.5 万吨。再生锌占美国精炼锌可供量(矿山产量+再生金属产量+纯进口量+储备量)的 25%左右。目前全世界再生锌厂家占锌生产厂家的 39%左右。再生锌来源于各种锌废料,也有新废料和旧废料之分。新废料指的是锌金属生产过程中和应用金属锌生产其他产品如镀锌钢、黄铜零部件、锌压铸件等过程中产生的废料;旧废料是指使用过的汽车零部件、屋顶锌板、家用电器和其他锌产品报废后产生的废料。

5. 再生贵金属

许多工业发达国家极为重视贵金属再生资源的回收。它们把贵金属废料的回收与矿产资源的开发置于同等重要地位,建立起贵金属再生回收工业的管理体系。发达国家每年都要从二次资源中回收大量的贵金属。据统计,开采 1 t 银大约需要 30 万元费用,回收 1 t 银仅为 1 万元;开采 1 盎司金需要 250~300 美元,回收 1 盎司金只需要 100 美元。再生贵金属来源主要是废旧贵金属首饰、器皿和制作首饰、器皿的废料,电解电镀废渣(液),废旧电器、电子垃圾,以及照相馆、医院放射科、印刷厂、电镀厂、制镜厂、电台、电器开关厂等单位排放的废水、废料等。

2003 年世界金、银、铂、钯再生贵金属的供应量分别为 943 t、6 138 t、19.86 t 和 14.42 t，分别占 2003 年世界这些贵金属总供应量的 22.77%、21.77%、9.15% 和 6.08%（见表 1-9）。美国 2004 年从新、旧废料中回收 95 t 金，占本国消费量的 50%；从新、旧废料回收了 1 700 t 银和 8 t 铂族金属。

表 1-9　世界再生贵金属供应量

金属	2000 年		2001 年		2002 年		2003 年	
	供应量/t	占总供应量/%	供应量/t	占总供应量/%	供应量/t	占总供应量/%	供应量/t	占总供应量/%
金	609	15.09	708	18.06	836	21.05	943	22.77
银	5 575	19.14	5 682	20.81	5 984	21.46	6 138	21.77
铂	16.02	5.89	17.62	8.78	18.26	8.79	19.86	9.15
钯	8.17	3.10	10.89	3.79	12.49	5.46	14.42	6.08

资料来源：World Annual Review 2002，2003，2004。

1.3.2　中国

1. 中国内地

(1) 中国有色金属循环利用概况

我国的再生金属工业起步于新中国成立初期，但在其后相当长的一段时期几乎没有得到发展，主要表现在能耗高、污染大、效益低 3 个方面，科研、装备、工艺都较为落后，也一直未建立完善的产业政策和产业链。近年来，随着我国资源和能源供给紧张状况的加剧，我国越来越重视循环经济的建设和再生资源的回收利用。2004 年是我国循环经济建设进入实质性阶段的一年，有色金属的再生与利用作为循环经济建设的重要组成部分，受到了党和国家的高度重视和社会各界的广泛关注。国家有关部门首次将废金属的再生利用作为国家经济发展的独立产业对待，并开始制定产业发展规划。由于我国政府对再生金属产业重视程度的不断提高及循环经济、建立节约型社会发展模式的确立，各项有利于其发展的政策和规范措施已陆续出台。如在 2005 年，我国政府把循环经济列为一项基本国策。在"十一五"规划中，国务院把发展再生金属工业放在了极其重要的位置；2006 年国务院发布的《促进产业结构调整暂行规定》和国家发改委制定的《产业结构调整指导目录》中也把发展再生金属产业列入了重点鼓励类行业。尤其是近 6 年来，我国的再生金属工业得到了前所未有的快速发展，无论是其总产量、进口量、国内回收量，均以每年 15% 以上的速度增长，再生金属正在成为有色金属的重要组成部分。经过政府的不断规范和改造，再生金属工业正在从根本上改变传统的原生金属生产的能耗和水耗结构。现在，再生金属工业已经在节能降耗、节水、环境保护方面走在全国各项工业发展的前端。但与西方发达国家相比，仍有很大差距，主要表现在科研水平低，设备、工艺落后，"三废"排放量高，产品附加值低等方面。

2006 年国家继续设立了循环经济示范项目国债专项资金，鼓励和支持再生金属产业的发展。由再生金属分会推荐的 13 个再生金属产业项目参加了评审，相关企业获得近亿元的国债资金支持。

2007 年科技部在"科技支撑计划"中专门设立了《废旧物资循环利用的关键技术和装备研究》项目,通过对再生金属生产过程中的技术、设备和工艺等问题进行系统研究和开发,促进产业升级,加快有色金属行业循环经济建设速度。

2006 年中国再生有色金属的总产量达到 453 万吨,比 2005 年增长 21%。其中再生铜 168 万吨、再生铝 235 万吨、再生铅 39 万吨、再生锌 11 万吨,与 2005 年相比,分别增长 18%、21%、39% 和 29%。近年来我国再生铜、再生铝和再生有色金属产量见图 1–1。

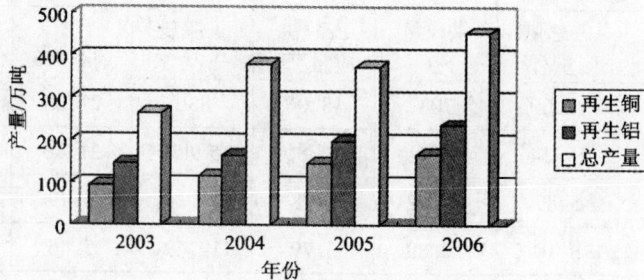

图 1–1 近年来我国再生铜、再生铝和再生有色金属产量

据中国海关统计,2006 年 1—11 月我国共进口废旧有色金属 613.7 万吨,比 2005 年同期增长 2%。其中含铜废料 448 万吨、含铝废料 159 万吨、含锌废料 6.7 万吨,折合成金属量分别为 70 万吨、127 万吨和 4 万吨。比上年同期分别增长 1%、3% 和 4%。

从进口有色金属废料的地区分布来看,浙江、广东、天津和上海是中国有色金属废料进口的四个主要地区,占中国进口有色金属废料总量的 98.8%,见表 1–10。

表 1–10 2006 年中国进口有色金属废料地区分布情况

项目	浙江	天津	上海	广东	其他地区
进口有色金属废料量 /万吨	289	88	45	226	28
占中国进口有色金属废料量的比例/%	43	13	7	33	4

国内回收方面,2006 年共回收废杂铜金属量 68 万吨,废杂铝金属量 93 万吨,废铅金属量 39 万吨,山东临沂、浙江永康、湖南汨罗和河南长葛依然是国内主要的综合性再生资源回收交易市场。

2006 年中国再生有色金属产业总节能 2 568.3 万吨标煤,其中再生铜节能 559.4 万吨标煤、再生铝节能 1 927 万吨标煤、再生铅节能 53 万吨标煤、再生锌节能 28.9 万吨标煤。总节水 14.9 亿吨,其中再生铜占 12.3 亿吨、再生铝占 1.6 亿吨、再生铅占 0.87 亿吨、再生锌占 0.16 亿吨。少排放固体废物 12 亿吨,其中再生铜占 7.06 亿吨、再生铝占 0.68 亿吨、再生铅占 3.8 亿吨、再生锌占 0.49 亿吨。少产生二氧化硫占 41.3 万吨,其中再生铜 23.5 万吨、再生铝占 14.1 万吨、再生铅占 2.34 万吨、再生锌占 1.32 万吨。

2006 年产量达到 5 万吨以上的再生铝企业有 4 家,分别是上海新格有色金属有限公司、怡球金属(太仓)有限公司、福建漳州灿坤实业有限公司和浙江万泰铝业公司;产量为 1 万 ~ 5 万吨的企业有 30 多家;年产量在 0.5 万 ~1 万吨的企业仍然是再生铝行业的主流。2006 年新增的再生铝产能约 30 万吨,在建的再生铝产能还有 30 万吨。

2006 年中国再生铅产业发展很快,产能大幅度提高。再生铅产业发展主要有两个方面,一是融资并购步伐加快,二是原生铅企业大举进入再生领域,积极从事废铅酸蓄电池的回收利用。湖北金洋冶金股份有限公司扩大了原来的产能,再生铅生产能力达到 10 万吨、产量达 7 万吨。湖南水口山有色金属集团公司积极投入利用自主研发具有知识产权的 SKS 炼铅法处理废铅酸蓄电池,这是作为国有原生金属企业发展循环经济、走可持续发展道路的重要举措。

2006 年中国再生锌行业诞生了常州华杨锌业有限公司,目前回收处理电弧炉烟尘废锌的产能已达到 10 万吨,其氧化锌、次氧化锌等产品和处理后的废渣料市场供不应求,公司回收处理电弧炉烟尘的发展方向也填补了我国在这方面的空白,可以说是真正的循环经济处理方式。

(2)中国再生铜循环利用情况

目前,世界每年生产和消费的铜(约 1 500 万吨)主要仍来自矿石,而循环铜(约 500 万吨)的比例约为 1/3。这说明铜(或含铜)产品使用寿命长,但铜在消费中造成分散,使之再生回收困难,部分甚至无法回收(如埋入地下和锈蚀损失、化工产品分散使用等)。

铜是很重要的战略物资,在我国现有的 124 个产业中,有 113 个离不开铜。铜是电力工业的基础,在交通运输、邮电通讯、电子产业、航空航天等高新技术产业中用途广泛,消费迅速增长,是国民经济不可缺少的金属,我国主要用铜行业的需求预测见表 1 – 11。

表 1 – 11　我国主要用铜行业的需求预测　　　　　　　　　　　　万吨

行业	2007 年	2010 年	年均增长率/%
电力	164.0	236.0	12.9
建筑	75.0	86.2	4.7
空调制冷	58.4	64.0	3.1
交通运输	34.8	45.3	9.2
电子	28.4	33.4	5.6
其他	40.0	46.3	5.0
总计	410.0	511.2	7.6

根据国家电网公司编制的"十一五"电网规划及 2020 年远景目标报告,"十一五"期间国家电网公司总投资额将达到 9 000 亿元。同时南方电网规划"十一五"电网建设投资为 3 000 亿元左右。两者相加,"十一五"期间中国电网投资规模将超过 1.2 万亿元。年均投资额超过 2 400 亿元,与"十五"期间年均电网投资额 1 265 亿元相比,增幅超过 90%。电力行业未来数年依然是中国铜消费增长的主力,"十一五"期间中国加大对电网建设和改造的投资将直接推动铜消费的增长。

未来几年,国内空调的需求主要体现在新增住房和替换更新方面,预计空调产量增长将继续放缓。

汽车行业方面,国家发改委预计,到 2010 年,国内汽车保有量将达到 5 500 万辆左右,汽车产量达到 900 万辆左右,年递增接近 10%。预计未来对铜的需求将继续增长。

建筑市场对铜的消费仍将集中在建筑导线和五金配件方面,铜水管用量有限。

中国是铜资源十分缺乏的国家,同时也是一个铜加工工业发展最快的国家,目前已成为世界上最大的铜消费大国。尽管国际市场铜价格持续上涨,中国的铜工业仍然保持了快速的增长势头。根据中国有色金属工业协会的统计,"十五"期间中国铜加工材的年产量年均增长 23.9%,年均消费量增长 17.9%,居世界之首。

根据发达国家的经验,铜的消费与经济发展呈"钟"形曲线关系,我国铜的消费还远未达到"钟"形曲线的顶点。目前正处于上升阶段,也就是说,在未来很长一段时间内,我国对铜的需求量将不断增加。铜已成为除石油、天然气之外,处于第二位的制约我国国民经济发展的物资。根据我国铜资源严重短缺的状况,发展再生铜是解决铜资源缺口的主要途径之一。

美国是世界二次铜资源直接利用比例最高的国家,这说明资源的利用效率高。2004 年部分国家的铜循环回收利用情况见表 1 - 12。

由表 1 - 12 可知,中国循环铜的总量已进入世界前列,仅次于日本,与美国相差无几。2006 年中国精炼铜中再生部分所占的比例已经达到 38.67%。

表 1 - 12　2004 年部分国家铜循环回收利用情况

国家	精铜总产量/万吨	再生精铜量/万吨	废铜直接利用量/万吨	循环铜总量/万吨	铜总消费量/万吨	循环铜总量与铜总消费量之比/%
日本	138.01	19.6	108.2	127.8	127.86	99.95
美国	131.00	5.1	109.9	115.0	242.00	47.52
德国	66.00	37.0	23.4	60.4	110.76	54.53
意大利	3.36	3.4	48.2	51.6	71.84	71.83
比利时	40.23	14.0	1.1	15.1	25.01	60.38
俄罗斯	88.50	15.0	—	15.0	55.76	26.90
英国	—	—	12.0	12.0	24.34	49.30
奥地利	7.42	7.4	2.0	9.4	3.40	276.47
巴西	20.80	2.0	6.6	8.6	34.02	25.28
瑞典	23.56	6.1	—	6.1	18.87	32.33
中国	219.87	62.0	54.00	116*	320.03	36.25

资料来源:(1)2005 年《中国有色金属年鉴》;

　　　　　(2)* 为中国有色金属工业协会数据。

在全球铜产品市场中,47.5% 的需求是通过回收再生废铜满足的,美国再生铜的比率更是高达 60%,我国的废杂铜在炼铜原料中占 27%。随着循环经济的快速发展,国家发改委提出在"十一五"时期,我国再生铜利用要在铜的总产量中达到 35% 以上的目标,然而我国处理这些废杂铜的企业，整体技术装备水平与发达国家还有相当的距离。我国约 2 000 家铜加工企业中，技术与装备具有国际水平的仅 5%，具有国内先进水平的仅 8%，只有一般水平的占52%，以规模小而散的企业居多。

2006 年中国利用废杂铜 10 万吨以上的企业有 3 家，分别是宁波金田铜业（集团）股份有限公司，浙江海亮集团公司和江西铜业（集团）公司；利用废杂铜 5 万 ~ 10 万吨的企业有 8家。作为再生铜行业的龙头企业——宁波金田铜业（集团）股份有限公司，2006 年直接利用废杂铜 40 万吨，工业产值突破人民币 200 亿元。2006 年 12 月，3 万吨高精度板带项目开工典礼，标志着该公司的产业结构更加合理。

2004 年，我国回收利用废杂铜 116 万吨，占铜消费量的 28%，比 2003 年增长 14%，不包括铜加工和铜制品生产厂直接回收利用的边角余料和残次品约 100 万吨。2006 年中国再生铜产量 168 万吨，与 2005 年相比，增长 18%。

我国废铜产业经过几十年的发展，已经形成了以民营企业为主体、大型企业为龙头、中型企业为基础的企业结构；以废铜直接利用为主、精炼电铜为辅的产业结构；以长江三角洲、珠江三角洲、环渤海地区为重点的产业格局，也已形成了从回收、进口拆解到加工利用一条龙完整的产业链，并出现了如浙江台州、宁波，广东南海、清远，天津静海等以进口废料为主及山东临沂、湖南汨罗、河南长葛、辽宁大石桥等以国内回收为主的废杂金属集散地。

长江三角洲、珠江三角洲、环渤海地区是我国经济最发达地区，也是铜的矿产资源最紧缺的区域，但却是我国再生铜和铜加工产量最大的地区。全国 80% 的铜加工企业分布在这 3个地区，每年回收利用了全国 75% 的废杂铜。再生金属产业为这 3 个地区的加工工业和制造业的发展以及经济的快速增长做出了巨大贡献。这 3 个地区的再生铜产业具有各自的特色：珠江三角洲地区主要是进口废料进行拆解、分类、销售废铜原料；长江三角洲地区以浙江为代表，利用废铜生产铜材及黄铜制品；环渤海地区主要是以天津为主，有超过 200 家的企业利用废铜生产电线电缆。

由于铜价大幅振荡波动以及企业福利等政策的调整，导致部分小企业被迫转产或关闭。规模较大的企业由于经济实力雄厚，市场抗风险能力强，产能进一步扩大，如宁波金田铜业（集团）有限公司、浙江海亮集团有限公司、东营方圆有色金属有限公司、天津大通铜业有限公司、宁波世茂铜业有限公司、安徽鑫科新材料有限公司等企业。同时，由于原生铜企业纷纷扩大废杂铜的利用，再生铜的产业集中度明显提高。2007 年利用废杂铜 5 万吨以上的企业再生铜产量占总产量的比例达到了 70% 左右。

2006 年以来，国内掀起一轮再生金属投资热潮，原先对再生金属行业并不重视的大企业纷纷加入其中。这一轮的再生金属热起点高，规模大，技术设备先进，标志着我国再生金属利用行业从传统的家庭作坊式的生产模式向着集团产业升级的方向快速发展。预计到"十一五"末，我国再生金属行业将涌现出一批规模大、技术装备比较先进的企业，再生金属产量占整个有色金属总产量的密度将达到 40%，再生金属产业地位将进一步提高。再生有色金属大项目纷纷上马，再生金属行业将开始改变过去那种小、散、乱的小作坊式生产，开始向规模化大企业方向发展迈进，我国再生行业的集中度将得到进一步提高。2007 年我国在建和投产的再生铜项目见表 1 – 13。

表 1-13　2007 年我国在建和投产的再生铜项目

公司(厂)	产 量/万吨
江铜长盈(清远)铜业有限公司	10
清远市云铜有色金属有限公司	20
广东精艺金属股份有限公司	3
浙江海亮集团有限公司	18
宁波金田铜业(集团)有限公司	8
宁波世茂铜业有限公司	10
浙江宏磊集团有限公司	3
江苏环胜铜业有限公司	3
江苏万宝铜业有限公司	2
安徽鑫科新材料股份有限公司	8
铜陵铜都黄铜棒材有限公司	7.5
江西钨业集团赣州再生铜冶炼厂	12
合　　计	104.5

2. 中国台湾地区

(1)回收工业

中国台湾地区 1980 年建立了工业部门的污染防治协商机构，以尽量减少由于经济高速增长引起的环境污染事件的不断发生。最初的设想是进行废料的末端处理，结果与愿望相反，实际产出的废料越来越多。1989 年建立了工业废料信息交流中心，以便于交流可再利用或可回收的工业废料信息。1989 年提出了"工业废料减量化"和"污染防治"的理念，以及随后又出现了"减量化、再利用和再循环的'3R'原则"，促使生产者重新设计他们的制造工艺并使工业废料的产生最小量化。1995 年开始的"清洁生产"促进活动，为环境保护和经济不断发展提供了有力支持。清洁生产准则不仅可使生产获得好的环境效益，也能使生产者获得好的经济效益。1999 年随着环境条例的修正，工业废料回收利用成了关注的中心。

(2)废料量及分类

目前，中国台湾地区每年约产生 4 833.9 万吨废料，其中包括约 770.8 万吨家庭废料、1 445.7 万吨制造业废料、763.5 万吨废金属、641.3 万吨废纸、557 万吨建筑废料、635 万吨农业废料、9.9 万吨医药(疗)废料城市废水处理厂产生的废料、教育机构和其他废料等10.7万吨。在所有废料中，每年 1 445.7 万吨的制造业废料占第 1 位，占总废料量的 30%。建筑废料大部分是无害废料，有害废料大多来自化学工业、电气和电子制造业。统计的各种废料的数量如图 1-2 所示。

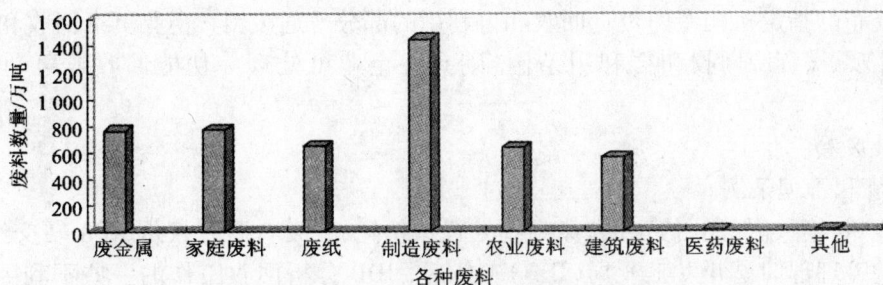

图 1 - 2　中国台湾地区的年废料量

1. 资料来源：（中国台湾地区）"环保局"（EPA）废料管理中心，2004 年。
2. 由于废纸和废金属来自各部门，故在各部门废料中不包括这两项。

（3）回收渠道及再利用量

中国台湾地区环境保护法规定，只有下述机构才能进行废物的再利用：

①已公布的回收机构；

②获准的回收机构；

③公共和私人的废物清理和处置机构；

④联合的回收机构；

⑤可回收利用的废物处理厂，包括废料运输公司。

目前中国台湾地区总共有 760 家企业从事废物回收，其中有 513 家是工业废料的专业回收企业。扣除重复的部分，实际的企业数是 475 家。回收或再利用的废料约为 2 724 万吨，其中 1 032 万吨是从制造业中回收的，占制造业产出废料的 70% 左右。表 1 - 14 列出了一些高回收率的废料量。

表 1 - 14　中国台湾地区回收的废料量

种　　类	回收量/(kt · a⁻¹)
普通废料	739
其他普通废料（蔬菜、厨房废料、焚烧灰）	1 001
制造业废料	10 320
农业废料	5 245
废纸	2 369
废金属	7 566
合　计	27 240

资料来源：中国台湾地区"工业开发局"资源回收工业促进会，2004 年。

（4）回收系统的激励政策

2002 年 7 月发布了《资源回收和再利用条例》，并在当月生效。这以前，工业废料的回收和再利用是按《废弃物处置条例》执行。两个条例之间的区别在于《废弃物处置条例》仅是由管理部门公布的指定机构专门负责回收和再利用的部分普通废料，企业负责回收和处理其余的废料。相反，《资源回收和再利用条例》则允许企业可处理一切能回收或再利用的所有废料。

1）工业废料

① 法规和管理条例。

按照 2000 年"环保局"修正的《废弃物处置条例》，将废料回收权从 EPA 转交给了工业。制造行业的管理部门是开发工业局（IDB）。然后，IDB 分析回收工作的一些不利因素，对制造业废料的特性和相关的国际废料回收准则进行了研究，制定了战略计划并采取了相应措施。它宣布了两个新条例，即《工业废料再利用管理条例》和《工业废料再利用分类和管理条例》，目的在于促进回收工作。2003 年 11 月，IDB 发布了《可再利用的资源再利用管理条例》和《资源回收和再利用条例》。《中国台湾工业报告》2004 年统计分析表明，由 IDB 公布的管理办法中的 55 项废料，每年的废料回收量将达 946 万吨，预计的年回收价值达 10 亿美元。

② 组织管理系统措施。

在《废弃物处置条例》修订后，原来制造业废料回收许可的管理权从 EPA 转给了 IDB。IDB 于 2002 年 6 月成立了工业废料回收审批办公室，对工业废料回收利用采用的工艺进行管理和控制。为了更有利于工业废料的回收，该办公室又制定了一系列管理细则，如《工艺审批的标准程序》、《（条例）使用指南》等。2004 年废料回收利用 34 万吨，价值约 4 000 万美元。此外，IDB 还追踪了具有回收许可的 257 家工厂，为它们提供咨询服务，保证废料的有效回收和再利用。这种服务除在促使企业充分满足环境和安全条例外，还促进了企业生产技术的改善，提高了企业的竞争能力。通过这种援助，使回收企业能改进它们的回收方式，建立完善的管理模式。

③ 收入。

回收工业和 IDB 联合运作了几年后，目前工业废料回收利用的年直接收入约为 10.4 亿美元。考虑这种直接收入，以及年用于环境保护方面的费用减少了约 8.4 亿美元，通过回收利用年资源消耗减少了约 2.6 亿美元。因此，年总的工业废料回收收入是 21.4 亿美元，利润 110 万美元。

2）普通废料

① 法规和管理条例。

《废弃物处置条例》经历了 5 次重大修改。

1988 年第 3 次修改中纳入了资源回收的条款。这些条款解释了回收利用的废料的特性和相关企业的责任。这次修改中增加了一些条款。处理的废料包括用过的商品、包装物和容器，制造商、进口商和销售商有责任回收、清理和处理（置）下列物品：

a. 不易清理和处理（置）的废料。

b. 含有不易分解化合物的废料。

c. 含有害物质的废料。

1997 年《废弃物处置条例》进行了第 4 次修改，在此次修改中普通废料的回收系统法律框架已经确定。条例说明"责任企业"是由权力部门指定的，EPA 是受权登记的责任机构。还有制造商和进口商应按照它们的生产或进口的商品量支付回收、清理和处理（置）费，这些费用将用作资源回收管理基金(废物回收基金),这种基金用于真正的回收补助、回收企业的亏损补贴和废物清理补贴。因此,EPA 更进一步颁发了相关的法规和条例,如《资源回收管理基金信托投资收入和支出的安全管理及使用条例》、《资源回收费率审查委员会组织条例》等。2001 年对《废弃物处置条例》进行了第 5 次修改,重点放在回收过程的管理方面。

②管理系统措施。

普通废料的回收政策可分为 4 个阶段。

第 1 阶段,1988 年以前普通废料的回收主要是由自由市场力推动。第 2 阶段是随着 1988 年《废弃物处置条例》的修改,奠定了强制生产者负责制的体制。在第 2 阶段,回收责任仅是针对商品制造商、进口商和管理者指定的部分销售商。由一些生产者设立了几个回收管理基金(会),以应付每种指定商品的回收和再利用问题。此时,EPA 的责任是监督和检查已有的回收系统。1997 年修改《废弃物处置条例》,开始了第 3 阶段。回收系统将其基金(会)转入了由 EPA 所创立的资源回收管理基金(会)。后来回收系统是由基金(会),而不是由生产者来管理。第 4 阶段起始于 1998 年 7 月,当时 EPA 将这些基金管理责任集中于 EPA 下的一个职能机构,即回收基金管理委员会。

为了回收家庭产生的普通废料,EPA 还采取了一些措施。EPA 鼓励对已公布的清单中列项的废品回收和再利用,强制生产者、进口商按商品量缴纳废品回收费,将收集的资金按回收的废品种类补贴给相应的回收和再利用企业。为鼓励和建立废品回收、清理和处理系统,1998 年 7 月 EPA 组建了回收基金管理委员会,这些废品包括废容器(纸箱、金属容器、玻璃瓶、塑料容器等)、报废汽车(各类汽车、摩托车)、废轮胎、废润滑剂、废蓄电池、废杀虫剂(农药)容器、废家电(电视机、电冰箱、洗衣机和空调器)、各种废计算机等。

③收入。

迄今为止,为再利用目的已回收、拆解和分类(选)的废料量约为 74 万吨。2004 年 EPA 又开始鼓励回收厨房废料,用做肥料和其他工业原料,并提高了公众的参与意识。目前每年回收的普通废料约为 17 万吨,价值达 4.3 亿美元。

1.3.3　法国

法国作为西方工业大国之一,在现代工业高度发达、居民生活品质不断提高的新形势下,同西方许多国家一样,也面临着矿产资源不足、环境污染加重的双重压力,因此切实治理工业废料污染、合理回收处理废旧金属、实现废旧金属的循环利用就成为法国经济发展中的一个热点问题而越来越受到人们的普遍重视,废旧金属回收处理行业也因此而日渐兴旺。

随着工业现代化步伐的加速,电器和电子产品更新换代的频率也相应加快,闲置和淘汰的电器产品数量与日俱增。在法国,目前停放在仓库里闲置和等待淘汰的大小电器多达 4.45 亿台(套);而每年正在使用的电器大约有 150 万吨,相当于每个居民拥有 13 kg。

1.废旧金属处理效益颇丰

在法国,由于欧盟自 2006 年 1 月起实行新的车辆拆解分类规定,法国汽车拆解企业正与标致(Peugeot)和雷诺(Renault)等汽车生产厂商联合,提高报废车辆的拆解、处理能力,经过分拣、处理后的废旧钢铁已远销印度和中国。2004 年,法国废钢铁销售额比 2003 年增长了 7%,达到 27 亿欧元,废旧有色金属销售额增长了 20%,达到 26 亿欧元,而且销路一直看好。

2. 法国废旧金属回收处理的新措施

（1）征收电器回收处理费

按法国现行规定，向电器生产厂商征收电器回收处理费。例如每台吹风机征收 3 欧元，每台电冰箱征收 17 欧元等，再由国家将这些资金用于回收处理补贴。这样可以大大促进回收处理行业的发展。2006 年法国回收处理的废旧电器人均约 4 kg，而瑞典 2006 年人均达到 9 kg 左右。

（2）回收处理企业与产品生产企业联营

2001 年法国的回收处理企业同标致汽车集团和雷诺汽车公司联合组建了德莫特罗尼克（Demotronlc）回收公司。该公司生产的再生金属年产量已由最初的 600 t 增加到 2006 年的 3 000 t 左右，拥有 150 多家客户；之后又在里昂地区建立了一个废物收集站，设计产量为到 2009 年该公司达到 1.6 万吨。回收处理企业同生产企业联营，不仅有助于生产企业研发循环利用产品、提高废旧金属再利用水平，而且由于共同承担环境保护风险，减少了许多因污染而引发的纠纷。

（3）提高废旧金属回收处理企业的集中度

由于废旧金属累计量不断增加，废旧金属回收处理技术不断完善，回收处理企业经济效益逐步提高，为回收处理企业实现现代化和规模化创造了条件。目前法国的废旧金属回收处理企业和荷兰一家公司合资组建了法国北部设备厂，到 2008 年每年可处理电脑 1 000 t，家用电器 2 万吨，电冰箱 22.5 万台，电视机 14 万台。法国苏伊士（Suez）公司同法国国营铁路局 SNCF 若迪斯（Geodis）子公司组建回收电子产品及报废车辆联合公司，并同布芬恩（Braun）、赫夫莱特－帕卡德（Hewlett－Packard）等公司组建利益共同体，并签订为期三年的电气及电子产品回收合同。法国一家废纸回收公司目前已将其业务范围扩展到工业废料领域，年处理工业废料超过 130 万吨，职工人数近千名，再生物资销售收入已占其销售收入的 1/3。法国巴尔廷（Bartin）废旧金属回收处理公司最近 15 年的销售收入已由 500 万欧元增加到 1.7 亿欧元，该公司希望今后 5 年内能将其销售收入再翻一番，其中向国外的销售份额能占到 50%。该公司在拉扎尔德（Lazard）银行的支持下，在夏托鲁（Chateauroux）原北约飞机场建立了欧洲第一家大型飞机拆解利用设备厂，每年废旧金属销售量超过 300 万吨，已在美国和墨西哥设立了分公司，其客户已遍布五大洲。

1.3.4 美国

1. 物质消耗情况

美国是世界上最发达的工业国，美国消耗的物质占世界物质总产量的 1/3 以上。由于工业的迅速增长，各种物质的需求，特别是那些用于高技术的物质需求也在迅速增长。1999 年美国国内生产总量约 92 600 亿美元，其中约 4 220 亿美元是由矿物原料的加工工业所创造的。

图 1－3 表示 20 世纪后期，1960—1995 年期间选定的几种美国物质消耗的变化。从图中可以看出，其中原生金属的消耗量在不断下降，而循环金属的消耗量在不断上升。

应当指出，现在美国仍然是世界矿物资源第二大储量拥有者，仅次于俄罗斯。正如表 1－15 所表明的，各种金属的矿物产量和已证实的储量，与世界其他地方相比，美国的一些主要金属矿产的储量还是比较丰富的。从表 1－15 中还可看出，各种金属的矿石储量与现在的年产量之比将影响到（该金属矿的）未来服务年限。该表说明除少数几种金属，许多金属资源很快就将短缺。

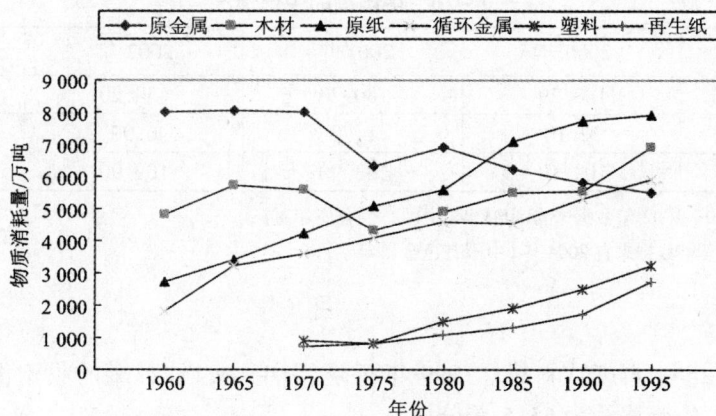

图 1-3　1960—1995 年期间美国的某些物质消耗量

表 1-15　1999 年世界和美国的金属储量和矿山储量

矿物	矿山产量/t		矿石储量/t		预测开采年限/a	
	美国	世界	美国	世界	美国	世界
铝土矿	—	1.23×10^8	2×10^7	2.5×10^{10}	—	203
铁	5.7×10^7	9.92×10^8	6.4×10^{10}	1.4×1011	112	141
铜	1.7×10^6	1.3×10^7	4.5×10^7	$3.4 \times 10^{8*}$	27	27
金	340	5.6×10^3	4.9×10^4	—	16	—
铅	5.2×10^5	3.1×10^6	6.5×10^6	6.4×10^7	13	21
镍	—	1.2×10^8	4.3×10^4	4.6×10^7	—	40
钴	—	2.8×10^4	—	4.5×10^6		160
铂族	13.4	275	730	7.1×10^4	54	26
银	1.9×10^3	1.6×10^4	3.3×10^4	2.8×10^5	18	18
钨	—	3.1×10^4	1.4×10^5	2×10^6	—	64
钛	—	4×10^6	1.3×10^7	3.7×10^8	—	92
锌	5.1×10^5	7.64×10^6	2.5×10^7	1.9×10^8	31	25

2. 金属回收

（1）铜

2003 年美国精铜总产量是 132.00 万吨，其中再生精铜总量是 5.30 万吨，原生精铜总量为 126.70 万吨，铜循环量为 115.20 万吨，为原生精铜总量的 0.9 倍以上，铜循环量占铜总消费量（230.00 万吨）的 50% 以上。1999 年再生铜（精铜）的生产成本每磅为 5.3～14.9 美分，而原生铜为 78 美分。2000—2003 年美国铜的生产情况列于表 1-16。

表 1-16 美国铜的生产情况   万吨

项　目	2000 年	2001 年	2002 年	2003 年
精铜产量	180.29	180.20	150.20	132.00
再生精铜产量	22.10	1.72	6.90	5.30
废铜直接利用量	109.10	103.90	109.90	109.90

数据来源：(1)2000—2002 年数据来自 2003 年《中国有色金属年鉴》；

(2)2003 年数据来自 2004 年《中国有色金属年鉴》。

（2）铝

废铝原料的一半来自废饮料罐。1999 年每磅（0.45 kg）饮料罐的收购价为 35~44 美分，而每磅精炼循环铝的价格约为 65.5 美分。

2000—2003 年美国铝的生产情况列于表 1-17。从 2001 年起，美国铝循环量就超过了原生精铝，2003 年美国铝循环量超过了原生铝，占铝总消费量（566.71万吨）的 51.7%。

表 1-17 美国原生精铝产量和循环铝产量   万吨

年　份	2000	2001	2002	2003
原生精铝产量	366.84	263.70	270.51	270.45
循环铝产量	345.00	298.20	298.00	293.00

（3）铅

与其他有色金属的生产不同，美国铅的生产主要从二次资源中回收。10 年来美国铅的生产和消费都比较稳定。2003 年美国精铅总消费量为 149.40 万吨，循环铅占精铅总消费量的 53.8%。铅的二次资源主要是蓄电池。美国约 70% 的铅消费于运输行业，包括蓄电池、油罐、焊料、密封料以及轴承合金。约 20% 的铅消费于电器（气）和电子工业，以及通信、军火、电视玻璃等方面的应用。其余 10% 消费在砝码、陶瓷、结晶玻璃、（铅）管和容器等方面。表 1-18 是 2001—2003 年美国铅的生产与消费情况。

表 1-18 2001—2003 年美国铅的生产与消费情况   万吨

年　份	2001	2002	2003
精铅总量	131.50	130.50	138.20
循环铅总量	73.40	75.40	80.30

资料来源：2004 年《中国有色金属年鉴》。

（4）锌

世界约有 30% 的锌是来自锌的二次资源。1999 年，美国从原生和二次原料中共生产了 91 万吨锌，价值 4.2 亿美元。其中 13.5 万吨锌是从二次原料中生产的，约占总锌量的 36.5%（见表 1-19），锌的二次原料主要有黄铜、废锌、含锌烟尘、镀锌渣和（镀）锌板。

表 1-19 1995—1999 年美国原生锌和再生锌产量   万吨

年 份	1995	1996	1997	1998	1999
再生锌产量	61.4	60.0	60.5	72.2	77.5
原生锌产量	13.1	14.0	14.0	13.4	13.5

1.3.5 日本

1. 有色金属的循环利用

日本由于缺乏自然资源，是较早大力推行资源循环利用的国家之一，为了保护环境和预防资源枯竭，鼓励资源循环利用成了日本的基本国策。日本于 2000 年和 2001 年制定和颁布了一系列有关资源循环利用的法律，现在已形成了一套鼓励资源循环利用的法律体系。《促进建设循环社会基本法》规定了减量、再利用、原材料回收和热的回收，以及这方面的一些重要事项。该法还对扩大的生产者责任（EPRS）作了概念上的说明，即生产者应在整个产品的生产、使用和使用后对环境的影响负责。《废物管理法》制定了严格的条例以减少废物量和废物的适当处理，以及鼓励建立工业废物处理设施。《资源有效利用促进法》要求各单位要通过减量化、再利用和再循环（即"3R"原则）提高资源综合利用效率。《家电循环利用法》规定要建立空调机、带阴极射线管的电视机、电冰箱和洗衣机的循环利用体系。《建筑材料回收利用法》指出了建筑材料回收利用的方向。除这些法规外，还颁布了《容器和包装材料回收法》、《绿色采购法》和《食品回收法》。

金属广泛应用于上述法律所涉及的许多生产领域，包括产品的生产、使用、再利用和用后的处理。图 1-4 表示 1997 年日本铜的物流状况。日本的铜产量约占世界的 9%，生产原料全部靠进口铜矿。铜加工成电线、铜材以及用于动力设备、通讯电缆、电气用品、机械、汽车、建筑和其他方面。由于涉及的因素很多，很难确定铜的循环利用比例。日本清洁生产中心（Clean Japan Center）调研了各种铜产品的回收利用情况并综合于表 1-20。

表 1-20 日本废旧产品和各种含铜废料中铜的回收情况（1997 年）

种 类	废物量/t	回收量/t	回收占废物量的百分比/%	未回收量/t
铜线	197 000	197 000	100	0
日用品和设备	141 000	29 000	20	112 000
汽车	79 000	38 000	48	41 000
工业设备	62 000	51 000	82	11 000
建筑工业	118 000	81 000	69	37 000
总计	597 000	396 000	66	201 000

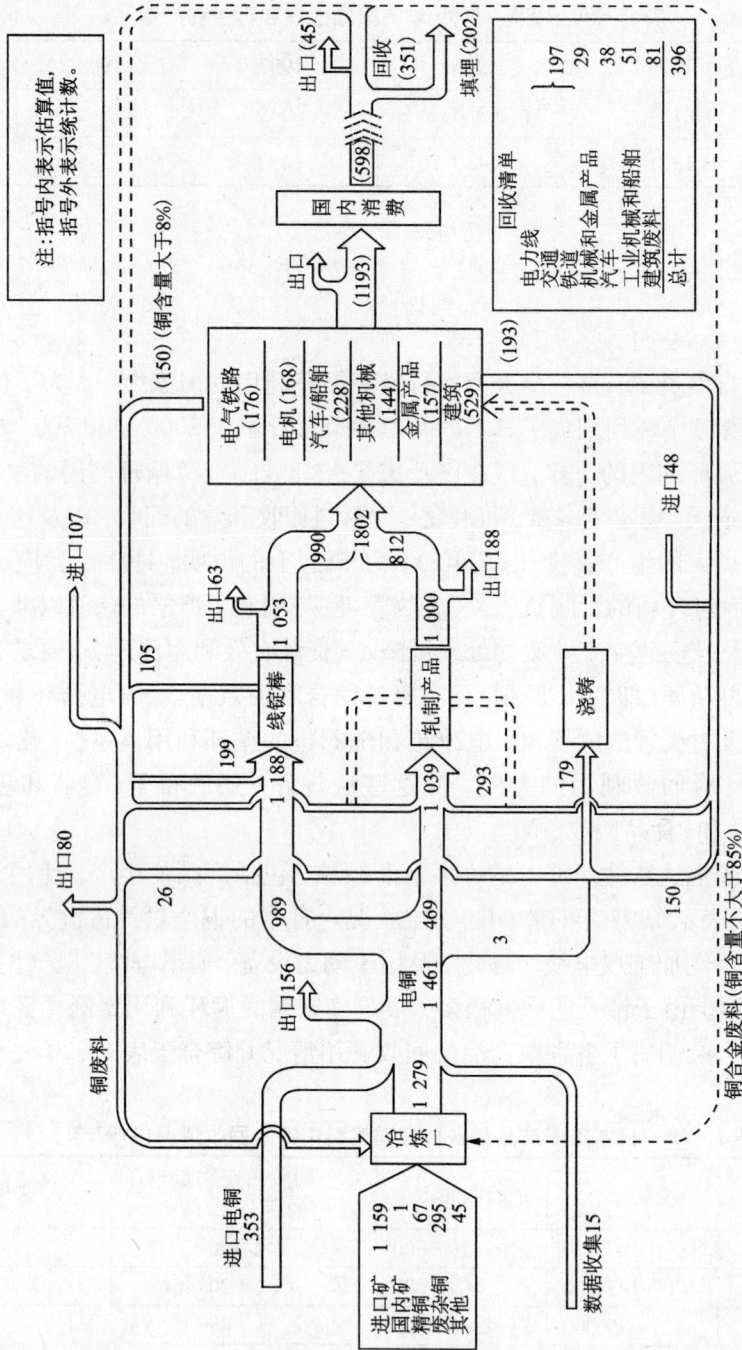

图1-4 1997年日本铜的物流状况

  铜是比较贵的有色金属，当它用作电缆时，易于回收和再利用。设备中的铜，如日用家电、金属产品中的铜，往往是以合金或与其他材料组成小部件的形式应用，从这些产品中回收铜成本较高。但为了全面提高铜的循环利用率，也必须重视这类产品中铜的回收，应开发从这类产品中回收铜的有效方法。日本在各地都设立了家电回收中心并已开始运作。中心回收的物料可以再利用，一般是送循环利用工厂处理。图1-5表示家电回收中心的处理程序。通常，家电中的金属是在冶炼厂进行再生产。铜冶炼厂最适宜于从各种复杂的含铜废料（如印刷线路板)中回收铜,附着的塑料可作为燃料。从拆解的废料中回收有用材料经中间处理过程后,为了方便以后的处理,大多数废旧汽车和家电需进行切碎。这种切碎过程产出碎料,碎料中含有各种物料。在日本每年要产出上百万吨这种碎料。

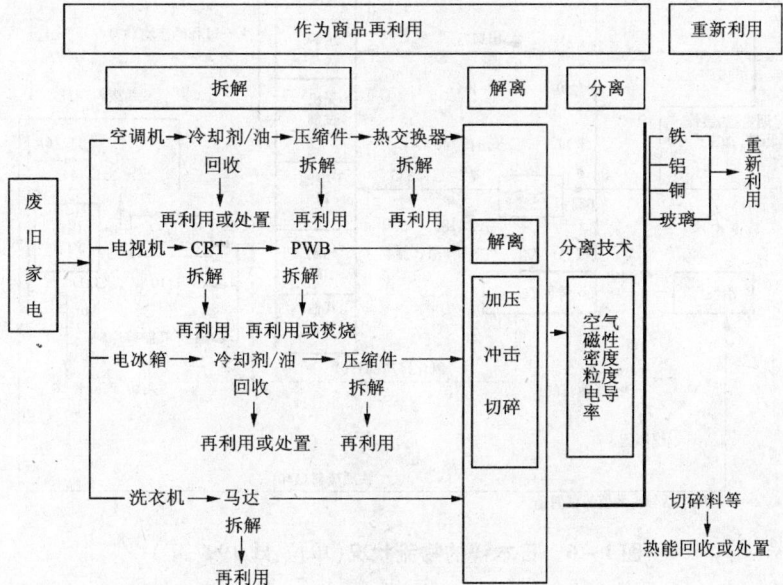

图 1-5　日本家电回收中心的处理程序

　　锌主要是用于钢铁产品防腐,如镀锌钢板和钢结构材料、压铸锌合金、无机化学等。由于应用分散,加上锌的价值不很高,通常认为锌的回收很困难,所以不被人们重视,锌的回收比例很低(见表 1-21)。但从保护锌资源来看,应当重视锌的回收利用,钢铁工业中电弧炉烟尘是重要的回收锌的资源。图 1-6 表示日本锌的物流状况。

表 1-21　日本废旧产品和各种含锌废料中锌的回收情况(1997 年)

种　类	废料/kt	回收量/kt	回收率/%
镀锌板	188	63	34
压铸合金	69	10	14
无机化学	32	0	0
干电池	15	0	0
其他	60	0	0
总计	364	73	20

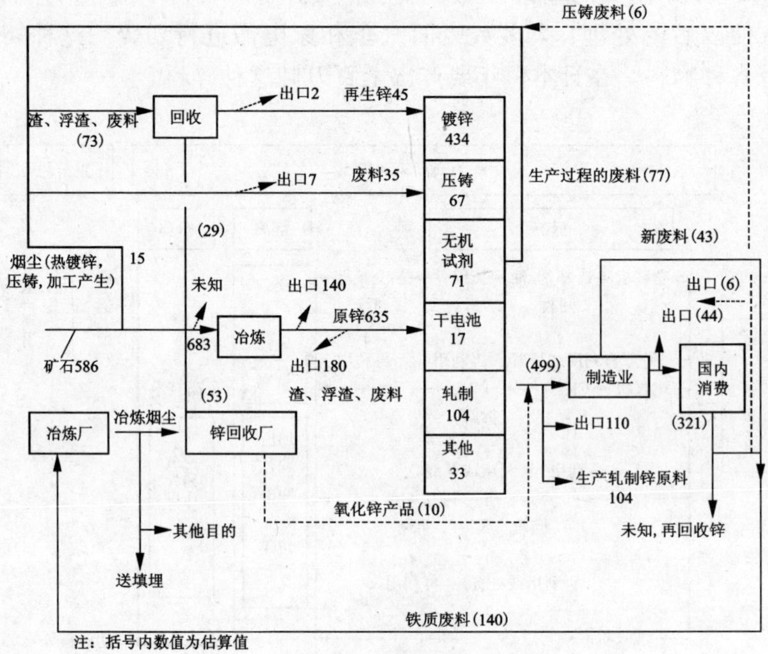

图 1-6　日本锌的物流状况（单位：kt，1997 年）

　　铅仍然广泛应用于车用蓄电池的生产，对射线的防护也是不可缺少的。由于铅具有毒性，许多应用领域正在采用铅的替代品。表 1-22 是各种应用领域铅的回收情况。日本铅酸蓄电池中铅的回收率很高，地下电缆铅护套的回收率基本是 100%。但在其他许多应用领域及含铅废料中铅回收率却很低。由于从废料中除去铅常会引起严重问题，铅在废料中保持稳定也是时常采用的做法。

表 1-22　日本废旧产品和各种含铅废料中铅的回收情况（1997 年）

种　类	废料/kt	回收量/kt	回收率/%
蓄电池	160	153	95
地下电缆铅保护套	25	25	100
焊料	17	0	0
无机试剂	36	0	0
铅板和铅管	10	0	0
汽油罐等	29	0	0
从 EAF 中回收		6	
总　　计	277	184	66

　　日本也很重视从废品中回收贵金属。大量的高纯金和银用于线路板和电气设备接触子的

制造中，这部分贵金属绝大部分可回收利用。存储电话含有大量贵金属和铜，特别是电话机中的金含量达 280 g/t，而一般金精矿的品位才 60 g/t，所以存储电话是城市中的大"金矿"。此外，日本从废料中回收镍和钴的数量也在逐年上升。

2. 未来前景

要提高金属的循环利用比例，要做的工作还很多，主要包括：

① 提高各种用过产品的收集率。

② 开发简单易行的拆解技术。

③ 开发分离、提纯和金属再造技术。

④ 废料循环利用的节能技术。

⑤ 开发有毒物的替换材料。

1.3.6　韩国

1. 法律体系和有关回收政策

在过去的 20 年中，韩国的废物产生量以 8% 的年增长率迅速上升。根据这种状况，韩国已制定或实施的法律体系和有关回收政策如图 1-7 所示。

1961 年的《废物清理法》集中在人粪尿和其他脏物的处理，该法被 1986 年的《废物管理法》所取代，后者强调废物的减量化和回收利用。1992 年，制定了废物处理的《抵押—偿还（金）体系》和《废物处理收费体系》，并颁发了《资源节约和再利用促进法》。

（1）抵押—偿还（金）体系

建立抵押—偿还（金）体系的目的：采取污染者付款原则减少废物量，鼓励可再利用的物品修复再用。要求生产者和进口商对可循环利用的商品进行商品总量现金抵押，待修复或回收利用处理后视情况再偿还给他们。

（2）废物处理付费体系

制定付费体系是为了限制那些难以收集、处理和循环利用物品或器皿的使用以及通常难以管理和处置的物品。对于生产这类产品的公司要强制收取废物处置费。

《废物清理法》（1961-12-31）

《废物管理法》（1986-12-31）

《废物管理法》　　《鼓励资源节约和再利用法》
（强制执行1986-12-31）　（1992-12-31）

（强制执行1999-02-08）
《抵押—偿还（金）体系》
《废物处理收费体系》
《资源节约和再利用促进法》

《韩国回收与再利用协会法》（1993-12-27）

《按体积收费体系》（1995-01-01）

《扩大生产者责任体系》（EPRS）
2003-01-01

图 1-7　韩国资源循环法律体系程序

（3）韩国资源回收和再利用协会

1980 年 9 月 11 日由韩国政府组建了该协会，其宗旨是通过废物减量化和循环利用促进环境保护。KORECO 有许多热心成员从技术开发和资金上支持韩国的循环利用产业。最初 KORECO 制定了管理条例，到 1993 年 12 月 27 日颁布了独立的协会章程。

（4）家庭废料体积量收费体系

到 1995 年 4 月，99% 的家庭废料是按官方的指示装入塑料袋里丢弃。该体系导致家庭废料减少了 37%，回收量上升到 40%。

（5）扩大生产者责任体系（extended producer responsibility system，简称 EPRS）

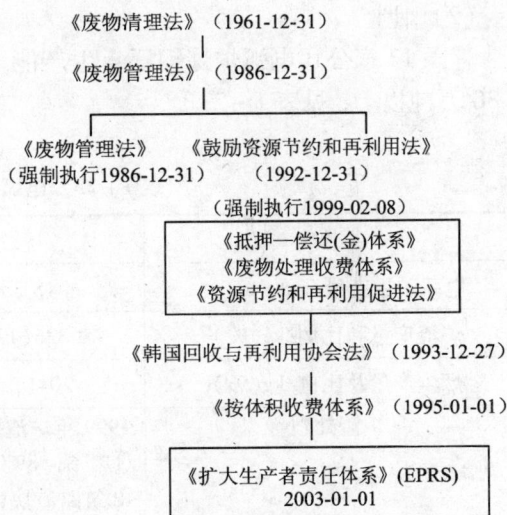

按照该体系,生产者必须回收家庭用品,如电视机、电冰箱、洗衣机以及轮胎、油脂、荧光灯(F.L.)、包装材料(如罐、玻璃、瓶、塑料瓶等)。可回收物料清单还将进一步扩大。从2001年起开始回收废荧光灯。

如果生产者在他们的产品设计中对产品的全部生命周期给予更多一些环境友好方面的考虑,那么可回收利用的资源来源就会更多,EPRS 的意义将更为深远。

2. 废物的产生

固体废物可分为工业固体废物和家庭固体废物(生活垃圾)。但是,法律指明的废物可分为一般和特殊废物,这取决于废物的性质和是否有危害性。特殊废物或有毒废物在收集运输、贮存和处理方面要受到更为严格的控制。2000年产生的废物量大致是 234 100 t/d。家庭固体废物为 46 400 t/d,工业固体废物为 187 900.3 t/d。工业产生的废物主要是由炉渣、建筑废料、淤泥等组成,不可燃废物比例很高。工业废物量呈逐年上升趋势。

3. 工业废物循环利用

(1)炉渣

高炉渣可用做水泥工业添加料和筑路材料;转炉渣在回收铁后做高炉渣类似的应用;绝大部分含亚铁的烟尘和淤泥返回烧结。

(2)烟尘

韩国12家公司电弧炉炼钢厂年生产能力约为 1 700 万吨,1999年电弧炉烟尘的产生量在30万吨以上,见表1-23。

表1-23 电弧炉烟尘和炉渣的处理

年 份	1997	1998	1999
电弧炉钢产量/(kt·a⁻¹)	18 330	16 080	17 073
炉渣产量和比例/kg(%)	2 336(12.7)	2 090(13.0)	2 230(13.1)
烟尘产量及比例/kg(%)	204(1.7)	273(1.7)	327(1.9)
炉渣处理	1999年炉渣回收利用量(比例): ①粗铁:89 000 t(4%) ②筑路渣块:1 048 000 t(47%) ③填埋覆盖料:914 t(41%) ④制砖:156 000 t(7%) ⑤其他:23 000 t(1%)		
烟尘处理	1999年烟尘回收利用量(比例): ①回收:131 000 t(40%) ②填埋:196 000 t(60%)		

从电弧炉烟尘中回收锌、铅以及其他重金属已成为环境保护和资源回收的重要课题。目前,特别注重从电弧炉烟尘中回收锌。

(3)飘尘

韩国的飘尘主要来自发电厂,1998年的回收率为32%。粒度很细的飘尘大多含有少量未燃烧的烟煤灰,可用做水泥添加料。

（4）废旧汽车

过去 30 年中，韩国的汽车工业发展迅速，仅 2000 年就生产了 311.4 万辆，登记注册号已超过 1 200 万辆。但是，汽车增长过快也带来交通拥挤和环境污染问题。

韩国 ELV 报废汽车的处理是按《机动车辆管理条例》来进行。该条例规定了汽车的拥有者应直接对报废汽车负责。汽车的拥有者只有从地区汽车拆解处获得证明，证明他的汽车按《机动车辆管理条例》得到了适当的处理之后，他的汽车注册号才能被注销。在韩国报废汽车的收回率接近 100%。

韩国废旧汽车的处理过程与其他国家类似，首先排尽液体（汽油或其他燃料），可回收的部分分别收集起来。将发动机和变速箱拆出，作为原材料回收利用。虽然韩国已有 277 家废旧汽车的处理公司，但只有一家具有现代化拆解系统。汽车中金属的回收率大于 90%，而塑料和玻璃由于分离和回收技术还比较差，只能做到大部分回收。随着废旧汽车的迅速增长，韩国急需开发报废汽车自动处理技术。

第2章 二次铜资源及其预处理

2.1 二次铜资源概述

2.1.1 二次铜资源状况

铜具有优良的再生特性，是一种可以反复利用的资源，可用于再生的废杂铜一般分为两大类：第一类称为新铜废料，主要是指工业生产过程中产生的边角料和机加工碎屑；第二类称为旧铜废料，是各类工业产品、设备、备件中的铜制品。这种资源来源十分复杂，各类工业品使用周期千差万别，其中再生用铜只有在拆解工业产品之后才能得到，而且往往是多种铜合金混合在一起。比如汽车用散热器中，水箱管为 H90 黄铜，散热片为 T2 波浪带材，其间又是用铅锡焊料焊接在一起，水箱水室为 H68 黄铜等。第二类再生资源主要有电子元器件、汽车水箱、空调器、废旧铜导线(电线、电缆、导电铜排)等。

新废料一般都直接返回熔炼炉，在企业内消化，很少进入流通市场。只能加工成次级(其他)产品的废料称为旧废料，主要为报废的设备和部件、用过的物品等，主要来源是工业、交通和农业部门固定资产的报废，以及军事装备、机器和设备、构件的大修和设备维修及日用废品等。旧废料量大且杂，回收利用难度也大些。在回收的旧废品中，也有少量纯铜或合金废料，如果能分拣出来可直接使用送合金厂处理，以提高废杂铜的直接利用率。表2-1是铜废料的构成情况。

表2-1 铜废料的构成情况

循环铜资源形成来源	废料种类及其所占的比例/%		铜在废料中所占的比例/%		
			铜	黄铜	青铜
轧材生产	炉渣	1.7	4.8	—	
铜基合金生产	炉渣	2.8	8.2	—	
电线电缆生产	电导体切头	8.0	23.3		
轧材金属加工	边料和变形废料块	13.6	7.4	24.9	2.7
异性铸件及金属加工	变形合金的切屑	17.7	16.6	26.2	4.2
	铸造合金废料块	0.5	—	0.3	1.5
	铸造合金屑	14.4	0.5	8.6	45.0
折旧废件	铸造合金制品废件	14.7	0.5	11.3	41.6
	变形合金制品废件	17.4	12.2	28.7	5.0
	废电缆	9.2	26.5	—	—
合计		100.0	100.0	100.0	100.0

除废纯铜外,回收的铜二次资源大都为多金属成分,对其处理应该力求综合回收其中的全部有价金属。目前,含铜废料约 40% 是用于生产铸造合金,20% 生产变形合金,3% 制取化合物,34% 加工成粗铜,品质太差不能利用的小于 3%。

我国从 20 世纪 90 年代开始进口废杂铜,进口量逐年增加。进入 21 世纪后进口量均保持在 300 万吨以上。为鼓励废杂金属进口、充分利用国外资源,经中国有色金属工业协会再生金属分会建议,从 2006 年 1 月 1 日起,国家取消了废杂金属的进口关税。2006 年废铜进口量达到了 494 万吨,占精铜的比例为 33%,年均递增率 9.65%,见表 2-2。

表 2-2 我国进口废铜情况   万吨

项 目	1999 年	2000 年	2001 年	2002 年	2003 年	2004 年	2005 年	2006 年
废铜实物量	170.1	250.1	334.6	308.0	316.2	395.8	482.1	494.0
约含铜量	34.0	50.0	66.9	61.6	63.2	79.2	96.0	99.0
精铜产量	117.4	137.1	152.3	163.2	183.6	217.0	258.0	299.9
占精铜比例/%	29.0	36.5	43.9	37.7	34.4	36.5	37.1	33.0

中国主要从日本、美国、澳大利亚和比利时等国家和地区进口废铜,2005 年中国进口含废铜料前 5 位的国家和地区见表 2-3。

表 2-3 中国进口废铜的主要国家和地区   万吨

日本	美国	中国香港	比利时	澳大利亚
187	70	45	33	31

从 2002 年起,中国从美国进口的废金属的贸易额是居大豆、电脑之后第三位的贸易品种,其数量目前已经占全球贸易量的 1/3。

我国再生铜产业目前已经形成了以广东为代表的珠江三角洲地区、以浙江为代表的长江三角洲地区和以天津为代表的环渤海地区的 3 大再生铜产业基地。我国废杂铜的拆解企业和铜加工企业都集中在这 3 大地区。

珠江三角洲地区以进口废料进行拆解、分类和销售废铜原料为主;长江三角洲地区利用废铜生产铜材及黄铜制品,如浙江宁波市和台州市有 1 000 多家企业生产铜阀门和水表等黄铜制品,产品大量出口,已经占据国际市场 60% 的份额,每年出口创汇超过 25 亿美元;永康市以废铜生产小五金,素有中国五金城之称;温州生产低压电器、铜板带,上虞市生产空调冷凝管等;环渤海地区有超过 200 家企业,主要是利用废铜生产电线和电缆。

我国主要的废铜进口口岸和拆解利用地区如下。

(1)广东

中国的东南沿海是废杂铜和含铜废电机、废电缆的主要进口口岸,在口岸的周边已经形成了铜原料的主要供应基地。

广东省是中国进口废杂铜最早的地区,20 世纪 90 年代中期,随着中国政府对进口废物管理的制度化和规范化，进口的废物量和品种逐年增加。最近几年，中国政府对进口废旧金属实行定点企业制度，对进口的品种和数量都有严格的要求。但由于种种原因，广东一直是废旧金属进口数量和品种最多的地区。2007 年 1～5 月份，广东省进口废金属（包括废钢、废铝和废铜）195.5 万吨，价值 16.4 亿美元，同比分别增长 42.9% 和 160%，占全国进口总量的 44%，密度上升 18%，经广东进口的废金属主要流向江西、安徽、青海和四川等内陆省份。

目前，广东省共有 7 类废物（含铜铝的废电机和电缆等）处理定点企业 100 多家，另外，还有数量众多、无法统计的拆解加工企业，年进口废电机及五金电器等 100 多万吨，是中国进口废铜最多的口岸之一。进口废金属是广东发达的有色金属加工业和制造业的主要来源。

（2）天津

天津是中国北方重要的工业基地和商贸中心城市，也是中国北方电线电缆生产的主要基地。由于独特的港口优势和产业优势，近年来，废杂铜进口数量明显增加。2005 年从天津口岸进口的主要废旧金属数量达到了 98 万吨，其中废铜 30 万吨，在天津拆解的数量就有 48 万吨，其中有相当一部分是废电线电缆，在天津市西南约 60 km 的静海县子牙镇已经建起了天津环保产业园。目前已经有 43 家废旧金属拆解企业进入园区。天津电缆电线生产厂家众多，仅在天津北部的北辰开发区就有大小不等的电缆生产厂家 30 多家。

（3）浙江

浙江省充分利用沿海口岸的地域优势和浙江制造业发达的产业优势，借助台洲、宁波在废旧金属的进口、拆解、加工方面的便利条件，通过废金属的进口拆解，促进了有色金属加工业的蓬勃发展，使这个资源贫乏的省份成为有色金属加工材生产的大省。在 2004 年中国铜加工材的产量中，浙江省占到 30%，达到 124.3 万吨。这两年，长三角铜加工业保持较快的发展势头，国内大的铜加工企业基本上集聚在长三角地区。浙江铜加工业也在稳定发展，2006 年浙江铜材生产能力 190.65 万吨，同年铜材产量为 134.61 万吨，铜加工材出口约 14 万吨，出口额达 9.87 亿美元。金田、海亮两家企业年营业收入均超过 200 亿元，成为行业龙头；台州路桥、宁波镇海、金华永康三大再生金属原料基地初具规模，为循环经济注入了强劲的活力。

（4）其他省份

2006 年，江苏省铜加工产量为 110.9 万吨，同比增加 11 万吨；安徽省铜加工产量为 37.97 万吨，同比产量略有下调，2006 年上海铜加工材产量 13.31 万吨，基本与上年持平。

（5）几个再生金属拆解加工集中区域的情况

浙江省台州市是目前中国最大的废旧电机的拆解基地，也是长三角铜原料的主要供应地。当地有 4 万人从事废旧电机的拆解和加工，年拆解量已经达到 200 万吨以上。其中，规模最大的前十家企业的进口数量占到整个台州年进口数量的 70%，并向着基地化、规范化、国际化的方向发展。2006 年，中国有色金属工业协会再生金属分会举办的第六届再生金属国际论坛在泰州举办，1 300 多名国内外的代表来到台州再生金属产业园区参观考察，对台州再生金属产业的规模、技术状况和环境保护状况给予了肯定。国内的一些大型铜生产企业如江西铜业、云南铜业等都在台州设立了铜采购机构，浙江成为国内大型铜加工企业最重要的原料基地。

宁波是有色金属加工业比较发达的沿海城市。从 2001 年开始，宁波市镇海区政府在镇海后海塘的一片滩地上建起了宁波镇海再生资源进口加工园区，年加工能力达到了150 万吨，

2004 年，园区已经有 47 家企业进入园区。2005 年共进口废旧金属 95 万吨，其中废铜 35 万吨。2006 年，宁波再生金属加工园区的入园企业数量已经达到了 48 家，年拆解废旧金属 100 多万吨。浙江省永康市是个只有 30 万人口的中小城市中，但却有近 30% 的人口从事再生金属产业或者从事与金属相关的行业。而正是由于废杂有色金属的再生利用，促进了这个城市五金制造业的蓬勃发展。永康已经成为五金之都，并享有科技五金城的称号。在永康，一些大型的铜加工企业利用废杂铜已经形成了铜加工的产业群，在浙江铜加工行业中具有相当重要的地位。浙江省玉环县是一个三面环海的偏远小县，没有任何资源可以开发，然而这个过去曾经以渔业和农业为主的县份，却在全国百强县排名中位置十分靠前。这里已成为国内外知名的阀门之都，生产的阀门洁具等在全球市场都有一定的份额。玉环县每年生产各种阀门、洁具的原料主要是黄铜，年消耗黄铜达 30 多万吨。而进口的黄铜废料正是它们的主要原料。

湖南省汨罗市的再生资源市场历史悠久，其再生资源回收利用行业的从业者达 5 000 人，并有占地面积近 2 000 亩的废旧物资收购加工带。汨罗市再生资源市场现已形成上万人的收购网络，市场内有各类企业、经营户 1 000 余户，每年废旧物资成交量达 80 余万吨，交易额已超过 20 亿元，成为全国三大废品市场之一。最近，汨罗市政府力图改变以往单纯的废料集散市场的格局，新建的汨罗再生资源产业园引进深加工企业 25 家，其中年产 3 万吨铜棒的企业已经投产。经国务院批准，汨罗再生资源产业园已被列为全国循环经济试点单位之一。

山东省临沂市作为历史悠久的再生资源集散地，开展再生金属回收和贸易的自然条件很好。早在改革开放初期，临沂周边的农民就走遍全国，到处回收各种废弃物，在中国几大物资交易市场中处于十分突出的位置。2004 年开业的华东有色金属城作为临沂废旧金属集散地和主要交易市场，有 100 多户回收业户进入市场，每年废杂铜的交易量达 20 万吨。丰富的原料为市场的主办方——山东金升有色金属集团公司年产 10 万吨电解铜和 6.5 万吨光亮铜杆的生产提供了原料保障，山东金升集团通过这种工贸结合开辟了原料供应基地。

江西鹰潭铜拆解加工基地是经国家环保总局批准、在我国内陆地区设立的首个再生资源回收利用加工产业示范区，同时也被列为进口再生资源"圈区管理"试点园区。该拆解加工区为江西省重点项目，规划用地 3 570 亩，总投资 10 亿元。项目一期预计 2008 年建成，可形成年拆解能力 70 万吨，实现年销售收入 300 亿元，安排就业 1 万人；2010 年，二期工程建成投产，可形成 180 万吨的年拆解能力，员工将达 2.1 万人，成为全国最大的铜废旧原料回收利用基地和再生资源集散中心。

鹰潭正在成为我国最大的铜加工业生产基地，有 80 多家铜生产加工企业，其中相当一部分企业来自浙江。鹰潭的铜年生产加工能力达 150 余万吨，每年需要杂铜原料 95 万吨。目前，已引进浙江金田、宁波兴业等一批国内铜加工的龙头企业，铜加工能力达 98 万吨。广东南海宇成和兴奇金属有限公司投资建设的鹰潭铜拆解加工区，是经国家环保总局批准在内陆地区设立的第一家废弃机电产品集中拆解利用加工区。

2.1.2 回收利用废杂铜的方法

废杂铜一般分为紫杂铜、杂铜和黄杂铜，还有铜渣和铜灰等。不同种类的含铜废料，回收利用的方法也不同。目前国内回收利用废杂铜的方法主要分为两种利用类型。

第一类是将高品质的废杂铜直接冶炼成紫精铜或铜合金后供用户使用，称作直接利用。

第二类是将废杂铜冶炼成阳极铜，经电解精炼成电解铜后供用户使用，称为间接利用。这类方法比较复杂，通常采用一、二、三段法冶炼。一段法，即将废杂铜直接加入阳极炉熔炼成阳极板，再经电解精炼成电解铜的方法。二段法，即将杂铜加入鼓风炉或转炉熔炼成粗铜，粗铜又加入阳极炉熔炼成阳极板后经电解精炼成电解铜的方法。含锌高的杂铜采用鼓风炉－阳极炉处理，含铅、锡高的杂铜采用转炉－阳极炉处理。三段法，即将杂铜加入鼓风炉熔炼成黑铜，黑铜加入转炉熔炼成次粗铜，次粗铜再加入阳极炉熔炼成阳极板后经电解精炼成电解铜的方法。再生废杂铜火法工艺的3种典型流程及其适用的原料见表2-4。

表2-4 再生废杂铜火法工艺的3种典型流程及其适用的原料

项 目	一段法	二段法	三段法
再生铜种类	紫杂铜、残极、黄杂铜	板头、铜线、铸造铜垃圾、含铜废料	难于分类或混杂的紫杂铜、黑铜等

除常用的火法生产外，湿法工艺处理废杂铜的研究也取得不同进展。如氨浸法处理覆铜废钢料、直接电解法从合金杂铜中制取电解铜、乙腈法处理含铜杂料生产铜粉、矿浆电解法从铜渣中生产铜粉和硫酸锌、废杂铜直接电解生产电解铜和铜粉、鼓泡塔氨浸—萃取分离工艺处理铜镍复合电镀废料生产高纯硫酸镍和硫酸铜等。生产实践表明，采用鼓泡塔氨浸－萃取分离工艺处理铜镍复合电镀废料和铜镍混合硫酸盐杂料，具有试剂消耗少、金属回收率高、环境污染轻等优点，原则流程见图2-1。

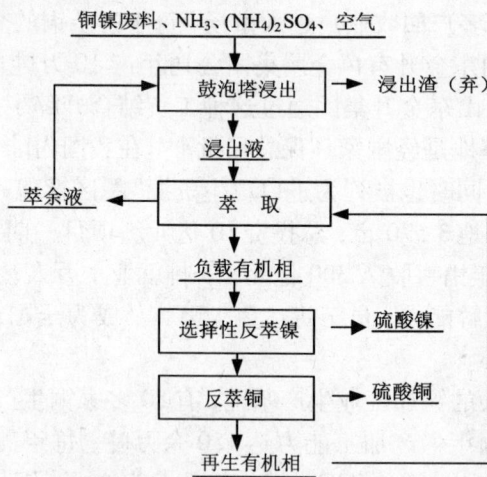

图2-1 鼓泡塔氨浸－萃取工艺分离处理铜镍复合电镀废料原则流程

从发达国家的经验看，再生铜的效益增长点主要体现在深加工领域，因此，该领域向市场提供铜产品的品质、品种等直接影响到产品的增值水平。在今后的发展中，再生铜及分类清晰的废杂铜将在新产品开发中大量应用，如电子材料、电工材料、精细化工产品、粉末冶金产品、高纯阴极铜、高精度铸件等。随着再生铜产业化和再生技术的发展，再生铜生产已经向机械化、连续化、自动化方向发展。国外发达国家已出现了家电、电子元件、热交换器等重要再生铜品种的专业化再生利用的生产线。随着经济发展，再生铜将作为一个重要产业出现在工业体系之中。

2.2 二次铜资源的品级及标准

金属废料品种繁多，难以确定其品质状况，需要一套可行的标准用于行业管理及正常交易。建立废杂金属的分类标准及全球废旧金属的信息体系是解决此问题的重要途径。

美国对废杂铜的管理有严格的规定，其废杂铜依据纯度进行分类。美国废料回收研究所（ISRI）制定了 45 种铜废料标准。最重要的铜废料种类如下：

①1 类废料。这种废料最低的铜含量是 99%，直径或厚度不小于 1.6 mm。1 类废料包括电缆、"重"废料（如铜夹、铜屑、汇流排）和铜米等。

②2 类废料。这种废料最低的铜含量是 96%，包括电线电缆、"重"废料、铜米、电机绕线等。

③轻铜（light copper）。这种废料最低的铜含量是 92%，基本组成是纯铜，但掺杂了油漆或其他涂敷物（绝缘物等）或严重氧化了的（铜加热管、锅等），有时含少量铜合金。

④精炼厂黄铜。包括混杂不同成分的铜合金废料，最低的铜含量是 61.3%。

⑤含铜废料。包括各种含铜量低的炉渣、淤泥、沉渣等。

此外，铜的循环常常包括各种含铜废料的处理，"循环"的定义在工业国家还是一个有争论的问题，因为被称为废弃物（waste）的物料销售和运输环境条例要比废品（scrap）严格得多。事实上，许多国家关于废弃物和废品在称谓上不很严格，处理（经济）效果是有差别的。废弃物通常具备以下特征：

①含铜量很低。

②经济价值很低。

③所含的单位铜量（每 kg）加工成本高。

我国废杂铜的分类较为简单粗略，还没制定较完善的杂铜分类标准，国内将废杂铜分为 3 类，最高一级废杂铜是"一号铜线和粗导线"，其纯度为 99.9%，直接送铜轧制厂使用；二级废杂铜为"二号铜线和粗细混合导线"，其纯度为 92% ~99%，常常被再精炼，但是也有部分是直接应用；其余的均分为第三类，需要再精炼。我国废杂铜的分类与品位的关系见表 2 - 5。

表 2 - 5　我国废杂铜的分类与品位的关系

废杂铜种类	一级废杂铜	二级废杂铜	三级废杂铜
纯度/%	>99.9	92 ~99	<92

随着科学技术的发展和合金加工技术的提高及我国再生有色金属工业的发展，进口废杂铜的数量也在增加。因此，2003 年全国有色金属标准委员会委托北京中色再生金属研究所对原废铜、废铝、废铅标准进行修订。根据废料回收、贸易和再生利用的实际情况，这次修订原则如下：

①国内外名称一致的且组分相同的废料以及国内没有而大量进口的废铜，都参照《ISRI

废料规格手册》中的废铜分类方法，而废铜的名称和组分与《ISRI 废料规格手册》不一致的或国内特有的废铜，都按照我国实际的分类方法进行分类。

②对原标准的"类别"作了修改。原标准分为"铜和铜合金块状废料、废件"，"铜及铜合金屑料"和"铜和铜合金渣、灰废料"3 类。这次修订，改为"纯铜废料"、"铜合金废料"、"废水箱"、"铜及铜合金新废料"、"屑末"、"切片"、"带皮的电线电缆"和"含铜灰渣"共计八类。

③对原标准的"组别"作了修改。原标准的组别分为："金属铜废料废件"、"加工黄铜废料废件"、"铸造黄铜废料废件"、"加工青铜废料废件"、"加工镀青铜废料废件"、"铸造青铜废料废件"、"加工白铜废料废件"、"混合铜及铜合金废料废件"、"金属铜屑料"、加工黄铜屑料"、"铸造黄铜屑料"、"加工青铜屑料"、加工镀青铜屑料"、"铸造青铜屑料"、"加工白铜屑料"、"混合铜及铜合金屑料"、"铜及铜合金灰渣"17 组。根据国内外贸易和利用的实际情况将以上 17 组分为新的 19 组，即"废裸线"、"铜混合废料"、"铜末"、"废铜板"、"黄铜废料"、"特殊黄铜废料"、"白铜废料"、"青铜废料"、"废水箱"、"铜及铜合金新废料"、"白铜废料"、"青铜废料"、"废水箱"、"铜及其合金新废料"、"铜合金屑末"、"切片"、"废电缆"、"废电线"、"含铜灰、铜渣"等。

2.3　二次铜资源的预处理

废杂有色金属的预处理的目的是使来自不同渠道、牌号混杂、含有各种杂质和污染物的废杂有色金属进行拆解、分类、分选、除杂、除油污，最终得到牌号清晰、不含杂物、纯净的金属或合金。经过处理后的废杂有色金属，可以直接生产相应牌号的金属或合金。也可以配制其他牌号的合金。因此可以缩短废杂有色金属再生利用的流程，降低生产成本，可最大限度地利用废杂有色金属中的有价成分。

对不同原料，主要有如下一些处理方法：

①分选。最简单的办法是先进行形态分选，手选是很普遍的；机械分选包括筛分、电磁分选(除去磁性物质)等；还有重介质分选、冶金分选(除去非金属物质)等。

②废件与废料的解体。报废的设备及部件常采用解体方式，解体往往是采用破坏手段，如切割、破碎、研磨、打包和压块等。废电缆、蓄电池、电动机一般也经解体处理。

③其他方法还包括浮选法、化学法以及焚烧等方式。

2.3.1　电线和电缆的处理

1. 废电线、电缆的来源

在 7 类废料中电缆、电线占有很大比例，这类废料可分为 3 种类型：

① 地上电缆。主要指高压电缆，含铜品位很高(绝缘物很少)，很易回收和循环利用。

② 地面电线。这类电线有不同的绝缘物，直径差别也较大。通常较细的电线单位加工成本要高于上述的电缆。这种电线常常还混有其他废料，需进行额外的分离过程，如汽车的电气配线以及其他设备的配线。

③ 地下或水下电缆。这类电缆结构较复杂，常常有铅护套、沥青、油脂、胶黏剂等。这意味着从这类废料中回收铜的工艺会较复杂，而且又不能发生安全和环境问题。

电缆、电线的种类繁多，线径不同，绝缘皮成分各异，品质相差悬殊，含金属量差别大。废铜电线电缆成分和型号复杂，其中有规格相同的电缆、电线和建筑电线，外皮都以塑料皮为主，电缆线除塑料皮外，还有铅皮和橡胶皮，一般都剪成长段，规范地打成捆，也有盘成卷或散装的。而规格不同的电线和混杂的通讯电线，也以塑料外皮为主，线径不同，基本上是散装，各种型号的电线混杂在一起，有时也打成捆。碎电线的线径不同，长度不一，一些电线的端头有焊锡，多数情况下以袋装为主，也有散装的。同规格和不同规格的裸线，线径不同，一般都以废铜碎料报关，打捆、散装都有。焚烧过的废电线，多数为细线，也以废铜碎料报关。废电线是回收铜原料，由于线径不同，金属含量有较大区别，含金属量高达50%以上，废电线、电缆要进行拆解和分选之后方可利用，主要是利用铜和外皮。经过拆解和分选之后的裸线利用价值高，可以直接替代电解铜使用。

2. 废电线、电缆的处理方法

(1) 机械分离法

用切碎(破碎)法从废电缆和电线中回收铜，现已成为主要的预处理工艺。在进入第1台破碎机之前，将电缆(线)切成90 mm以下的长度，这一点对于特别长的电缆来说很重要。第1台破碎(剪碎)机典型的是将第1组刀片安装在机器的旋转轴上，该轴上的刀与第2组刀反方向剪切。转速约为120 r/min。经过筛分，筛上产品返回到给料端。该工序的主要任务是减小尺寸而不是铜和包皮分离。产品长度为10～100 mm，取决于物料类型。这是粗碎。

粗碎的另一个作用是为了用磁选法除去混在电缆中的铁。然后将粗碎过的物料送入第2个破碎机处理。第2个破碎机操作与第1个类似，但转速更高(400 r/min)，刀片也更多(5组)，刀距更小(约0.05 mm)。该破碎机将电缆破碎到6 mm长度以下，此时绝大部分铜已与绝缘物分离。再经筛分，筛上产品返回粗碎。

废旧电缆电线处理的最后单元作业是铜和绝缘物(塑料或橡胶)的分离。这是采用传统的方法，即利用它们密度的不同，采用重选法分离。通常产出3种产品：纯的塑料，能达到1类或2类废铜品位的碎铜料，中间产品返回第2个破碎机再处理。

这种重选设备通常是用气动摇床(air-table)，铜回收率可达80%～90%。

地下电缆由于结构较复杂、包皮易燃性以及有铝或铅，处理起来较为复杂，对于较粗的电缆，采用人工将电缆切开取出铜线。较细的电缆就可用前述的分离方法。

(2) 低温冷冻法

美国专利提出用低温冷冻法分离铜与绝缘层，该法的原理是根据物质在低温下材质变脆，有利于破碎，又可降低破碎过程产生的热。其工艺流程见图2-2。

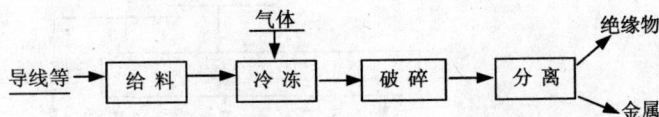

图2-2　低温处理法工艺流程

(3) 化学法

将废电缆放入钢筐，浸入300℃的碱性氢氧化物液体中，使绝缘层溶解。对聚合物绝缘层，可用二氯乙烷、四氢呋喃或环甲酮等溶解。但化学溶剂大多有毒和腐蚀性，污水处理复杂，且外皮不能得到综合利用，难以推广。

（4）热解法

将废电缆加入高压釜中，对低熔点绝缘层，用高压釜（温度260～300℃）热解。对沥青绝缘层，高压釜温度为300～450℃；对聚乙烯等聚合物，高压釜温度为370～480℃。然后再用机械法分离出金属，同时热解法可产出副产品油、焦油、氯化氢。

（5）静电分选法

将废电缆切碎至粒度0.4 mm以下，用静电分选机处理。利用电晕原理使金属和非金属的包覆层分离。

2.3.2 报废汽车铜的回收

废旧汽车铜的回收来源主要有3种。

第1种是散热器，这种部件是在汽车切碎前就整装拆出。传统上散热器是用铅-锡焊料焊接组装的，要产出纯铜就需要将散热器整装熔炼和精炼。但是新的散热器是用其他焊料或铜焊料焊接的，这就可直接回收利用散热器而不需要再精炼，利用这种回收方式铜的回收率几乎可达100%。

第2种铜原料是在汽车切碎后和磁选分离出铁和钢后余下的有色金属废料。所含的金属主要是铝、铜和锌，铜主要来自汽车电路系统的电线。

有几种方式分离铜和其他金属，如手选、气动摇床或重介质选矿。由于铝和锌容易被氧化，也可将这种Al、Cu、Zn混合物出售给铜冶炼厂而无须将铜与其他金属彻底分离，但这么做铝和锌等有价金属就几乎全部损失，生产成本将大大上升。

第3种可能的铜来源是除去了金属后的"碎屑"，这种"碎屑"主要是由控制板、方向盘、坐垫和地毯、其他织物绒毛的含粉尘和有机物碎料。这种"碎屑"含铜不到3%，并有一定的燃烧值，在日本的小名滨冶炼厂是加入精炼反射炉中处理。如果汽车拆解厂距冶炼厂很远，由于运输和处理成本高，这种"碎屑"绝大多数就地填埋了。废旧汽车废物的回收见图2-3。

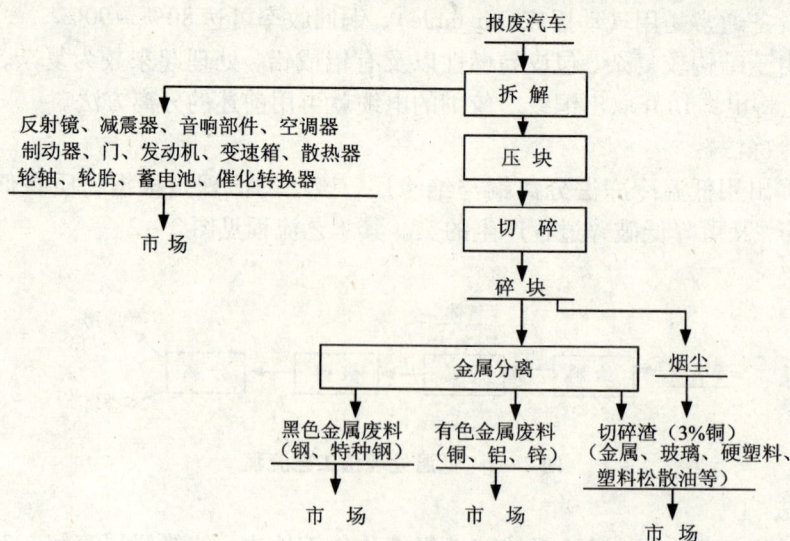

图2-3 废旧汽车废物的回收

此外，大多数汽车水箱都是由黄铜带做的，各个结合部位均由焊锡焊接，一辆汽车含焊锡为 0.5 ~ 0.7 kg，一般企业都不重视锡的回收。为了省事，不经任何预处理就直接同黄杂铜一起送入阳极炉熔炼生产出阳极。由于含铅、锡高，精炼时间长，燃料消耗大，产生的阳极板往往由于杂质含量高而达不到电解工序要求，需回炉再进行精炼。从废水箱中回收焊锡通常在脱锡炉中进行，控制炉温在 450 ~ 500℃，保温 4 h。在此过程中，焊锡因熔点低而熔化，再汇集并滴落到盛锡的容器中，然后将盛锡容器从脱锡炉中取出并浇铸成焊锡条。

2.3.3 电子电器废料的回收

电子电器废料在再生铜回收的份额中占有较重要的地位，其回收的比率正在迅速增长，同时人们也在努力进行从电子电器废料中回收铜和其他有价物的工艺研究。

电子电器废料可看成是由"电子电器硬件的制造和用过的电子电器产品废弃物而形成的废料"，因此，这也包括新废料和老废料。尽管电子电器废料的组成种类很多，但基本可分成 3 类：塑料、难熔氧化物和金属。金属中约一半是铜，此外还有可观的金和银。

采用熔炼 – 精炼铜的方法可以有效地回收金银，这是一种理想的处理电子废料的方案。但该熔炼法处理电子废料时存在的问题是除了塑料不完全燃烧外，还产生挥发有机化合物，解决的办法是采用高温氧化熔炼。另一个严重的问题是电子废料的金属含量在不断降低，例如 1991 年电子废料中金的含量平均约 0.1%，而 2000 年已降为约 0.01%，这将对电子废料的回收利用不利。现在已开发了一种"选矿"方法，它类似废旧汽车的处理办法：一是先解体回收大部分物料；再将余下的物料切碎；然后从塑料和陶瓷物料中将金属分离出来。开发的"选矿"方法有重选、旋流选矿和电选。

线路板是电子垃圾的重要组成部分，废旧印刷线路板的组成见表 2 – 6。

表 2 – 6　废旧印刷线路板的主要成分

金属所占比例/40%		惰性氧化物所占比例/30%		塑料所占比例/30%	
组成	含量/%	组成	含量/%	组成	含量/%
铜	20	硅酸	15	C – H – O 聚合物	>25
锌	1	氧化铝	6	卤化物	<5
铝	2	碱和碱性氧化物	6	氮聚合物	<1
铅	2	其他氧化物	3		
镍	2				
铁	8				
锡	4				
其他金属	1				

（1）国内外废旧电子电器的处理情况

为了实现节能减排环保目标，同时也为了缓解平衡包括铜在内的国际原材料市场的供求关系，欧盟近年来不断制定和出台严格的环保政策及法规，以加强废旧物资回收体系的配套建设。目前，使用二次回收精炼铜的主要产业领域有电缆、发电机、发动机、变压器，占回收总量的58%，建筑业占26%、机械设备占10%、交通占5%、其他占1%。欧盟委员会于2003年2月13日公布的《关于报废旧电子电器设备指令》(WEEE)，以法律的形式要求欧盟成员国采取行动，尽快修改各自的法律、法规，以便适应欧盟统一的要求，欧盟委员会的这项法令已于2004年8月在欧盟成员国内正式生效。WEEE法令与实现包括铜在内的重要资源回收关系密切，其核心内容是：第一，所有电器产品在设计制造时就必须考虑各种材料的回收再利用与环保因素。第二，废旧电器要与其他日常垃圾实行分类收集并实施特殊程序处理原则。第三，电器生产商或专门机构在单独或集中的基础上建立回收系统，各类产品的回收率和再循环率要逐渐达到80%以上。第四，电器设备废弃物回收及处理费用主要由生产者承担。法令实施前售出的电器产品废弃物收集费用由制造商按市场占有率分摊，成员国将保证在2006年年底前达到人均年收集废旧电器设备不少于4 kg的指标。

欧盟环保机构的官员表示，WEEE法令让欧盟在回收精炼铜方面获益匪浅。由于欧盟多数成员国已经采取了垃圾分类回收的措施，从而使得铜的回收过程更加简单易行，回收比例大幅度上升，而成本却一直在下降。目前，欧盟主要成员国废旧电子垃圾的97%已经纳入回收体系，80%以上的铜材料会在回收后重新提炼。据欧盟环保机构的统计显示，欧盟废铜的再利用潜力非常高，因为绝大多数的高科技产品都会越来越多地使用铜材料。比如，1 t线路板(PCB)平均含铜量约180 kg。电缆、电磁线、漆包线、管材、散热器、电脑显示器和风扇等零部件都有很高的含铜量。另外，汽车、能源、交通等产业也被列为铜回收的重点。

为了更好地解决环保和资源回收难题，比利时政府自2001年起就规定电器与电子设备制造及进口商必须回收其在比利时市场所出售的产品。为落实该项规定，在政府部门的组织下，比利时制造商及进口商成立了非营利性的"电器产品回收处理公司"(Recupel)，比利时企业或公司以会员身份按销售额比例交纳费用，至2006年已有逾90%的相关企业参与。

此外，比利时政府还把部分电器回收费用摊入零售成本，实行明码标价，如一台电视机加收11欧元回收处理费、洗衣机10欧元、一部手机2欧元、一个咖啡壶1欧元等，由消费者在购买时支付。Recupel公司通过与不同机构，如地区政府及零售商的合作收集旧电器设备，将回收的仍可使用的电器进行安全处理后，送给福利机构或慈善组织，没有使用价值的则作拆分和再利用处理。2006年Recupel公司平均每月回收约4 000 t的旧电器设备，年均回收量已达到每人4.8 kg，已明显超过了欧盟WEEE法令规定的回收目标。由于欧盟WEEE废物回收法令的规范化，以及比利时政府对回收费用的政策支持，使得比利时废旧电器回收体系得以正常有效的运行。不仅废旧物资的回收过程畅通、便捷，而且也为此后的无害化处理以及能源、原材料的再利用提供了可靠保证。作为回收链中的重要项目，比利时所有铜材料都是靠二次冶炼提供。

国外发达国家已拥有一批技术成熟、管理完善的电子垃圾处理企业。电子垃圾拆解已经形成非常专业的分工，有专门的拆解公司和回收公司。在美国的新泽西州建有一座年处理电子废弃物20 000 t的资源化工厂。德国采用多种方法对电子垃圾进行回收、处理和利用，Kamet Recycling Gmbh公司已建成年处理21 000 t电子垃圾综合处理厂。目前德国正在根据欧盟指令着手制定本国的废旧家电回收利用法。日本特别重视能源和资源的节约与再利用，2001年实施的《资源有效利用促进法》规定，生产厂家有义务回收废旧电脑或将其进行再生资源再处理，并且在开发电脑时就要考虑到对环境的影响。瑞典的法律规定处理费用由制造商和政府承担。瑞典的 SR - AB 公司是世界上处于领先地位的回收公司之一。

与国外发达国家相比，我国对废旧电子电器回收利用工作还刚刚起步，我国首部《废旧家电及电子产品回收处理管理条例》即将发布。今后家电的生产者将承担电子垃圾回收的责任。经国务院批准，国家发改委于 2004 年确定浙江省、天津市和青岛市为国家废旧家电及电子产品回收处理体系建设试点省（市），旨在建立规范的废旧家电及电子产品回收处理体系。

在国家政策的支持下，我国电子垃圾的回收利用与无害化处理技术已获得较大进展。家电和废旧电脑一般由主板、电源、外壳、显示器、马达、压缩机和氟里昂等组成，经人工拆解后进行机械预处理，其中的印刷线路板处理技术成为研究热点。

（2）线路板上电子元件的拆除

线路板上的电子元器件经可靠性检测后有些还可重新使用，另外对含有害物质的电子元器件可进行选择性分离后进行单独处理，防止污染后续工艺。目前，电子元器件的拆除一般由手工完成，但随着废旧线路板日益增多，人们开始研究自动拆除技术。

① 日本 NEC 公司开发了一套自动拆卸装置，既提高了拆卸效率，又不损坏电子元件。该装置利用红外线加热和垂直及水平冲击的作用，使穿孔元件和表面元件脱落。然后结合加热、冲击力和表面剥蚀技术，使线路板上 96% 的焊料脱落，用作精炼铅和锡的原料。

② 德国的 FAPS 公司采用与线路板自动装配方式相反的原则进行拆卸。先将废旧线路板放入加热的液体中熔化焊接，再用机械装置根据元件的形状分检出可用的元件。

（3）废旧线路板的机械预处理技术

① 对拆除电子元件后的废旧线路板，目前最常用的机械处理工艺是法国的 Kamet Recycling Gmbh 公司采用的工艺，即通过破碎、重选、磁选、涡流分离的方法获得铁、铜、铝、贵金属和有机物等几个组分。用切碎机和锤碎机进行破碎，使材料充分单体分离，然后用摇床和旋流器进行重选，尽可能排出各种塑料和轻质垃圾，再通过磁选，实现铁与其他金属的分离。经过一系列的分选处理，废电路板中 90% 的金属和塑料得以分离和回收，10% 左右的剩余物质（包括很难处理的细粒物料、粉尘等）则根据成分和性质填埋或焚烧。该公司已建成年处理 21000t 的电子垃圾综合处理厂，处理工艺实现机械化和自动化。

② 日本 NEC 公司开发了从废旧线路板回收铜粉的工艺。该工艺特点是采用两段式破碎法，利用特制破碎设备将废板粉碎成小于 1 mm 的粉末，这使铜可以很好地解离，而且铜的尺寸远大于玻璃纤维和树脂。再经过两级分选可以得到铜质量分数约为 82% 的铜粉，最终线路板中 94% 以上的铜得到了回收。

（4）废电机的拆解

废电机含铜量一般为 7% ~ 8%，高的可以达到 15% 以上，是回收铜的资源。目前进口的七类含铜废料中废电机的数量最大。废电机拆解相对难度较大，目前的拆解全部是人工进行，劳动强度大、效率低。由于电机的转子和定子的绕组与硅钢片结合非常牢固，拆解困难。比较先进的拆解方法是采用焚烧预处理，在高温下绕组中的绝缘漆燃烧脱落，绕组和硅钢片脱离，然后再拆解，效果好。其不足之处：一是铜线表面氧化，降低铜线的品质；二是焚烧产生的烟气会含有二恶英，对环境造成污染。所以焚烧炉必须设计有二次燃烧系统，使焚烧产生的烟气经过二次燃烧，在高温下，二恶英被分解为无害的物质，避免污染。手工拆解和焚烧拆解处理废电机流程如图 2 - 4、图 2 - 5 所示。

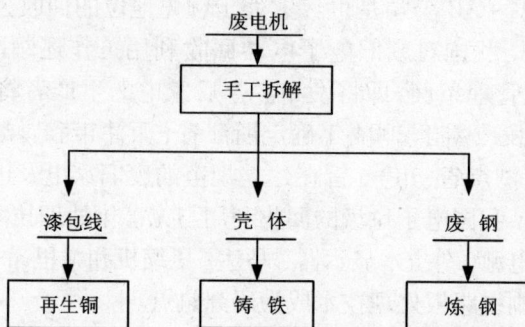

图 2-4 手工拆解处理废电机流程

这种焚烧预处理的废电机拆解效率虽然可以提高，却会造成废电机的某些组成的利用价值下降，如过火的硅钢片完全不能再用，而拆解得好还可以用于生产小五金；绕组铜线表面氧化，不能直接生产铜米粒。

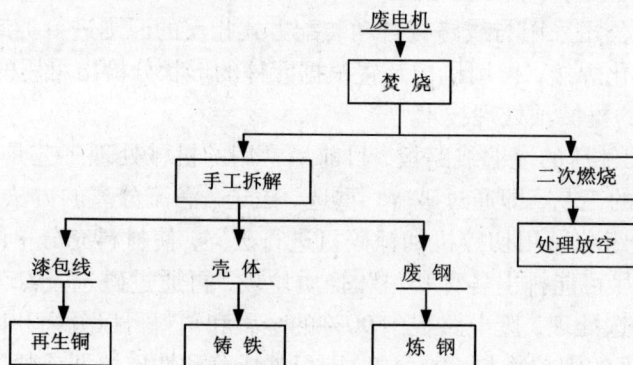

图 2-5 焚烧和手工拆解处理废电机流程

（5）废五金电器的处理

进口的七类废料中除废电线、电缆外，其他的含金属废料全部包括在废五金电器之中，常见的有各种小型废机械设备、零部件、废电器及零部件、废水暖件、废炊具、废办公设备等。这些废料多数是混杂在一起的。废五金电器必须经过拆解、分类得到废钢铁、废有色金属等，然后方可利用。目前废五金电器拆解和分类全部靠人工进行，主要的拆解方法是：对螺栓连接的部件进行人工拆卸分离或手动工具或手动钢铲、钢钎拆卸分离。对一些体积大的或难以手工拆卸的机械设备，有时动用氧气/乙炔切割解体，然后分类。

（6）废家电的处理

列入家电的范围主要是电视机、电冰箱、洗衣机和空调机，现在随着人们生活水平的提高，电话、手机、计算机等也已成为普通的家电。

中国是家电的生产和消费大国，根据家用电器的使用寿命，在 20 世纪 90 年代以前投入使用的家电已到达报废期，目前已处于家电更新的高峰，其中重点是电视机、冰箱和洗衣机 3 个品种。

　　家电属特种废弃物,含有许多对环境有害的物质,也含有大量可回收利用的物质。如电冰箱中的制冷剂 CFC－12 和发泡剂 CFC－11 是破坏臭氧层的物质,必须予以回收。电冰箱、空调机中的压缩机、换热器,经处理后可回收铁、铜、铝;电视机的显像管、线路板都有可回收的物质。从保护环境和资源回收利用的角度考虑,家电的报废回收和无害化处理已引起政府部门的高度重视。

　　由于废旧家电中大部分仍有使用价值或经维修之后仍有使用价值,加之东西部地区贫富的差异,再生的废旧家电还有很大的市场。目前中国报废家电主要产生于大中城市,大城市占主流地位。废家电的回收主要有 3 条渠道,即通过社会回收网络进行回收(65%),通过商场出售新家电时收购(15%),由居民家中、政府机关和企事业单位馈赠(20%)。

　　城市个体收购的废旧家电,凡有使用价值的(大约占废旧家电总量的70%左右),90% 以上进入旧货市场,许多城市都有此类交易场所,经销商直接负责废旧家电的回收、修理,积攒到一定的数量,再成批进行交易。

　　报废的家用电器是重要的再生资源,其中有废钢、废铜、废铝、废塑料、贵金属等,这些可利用资源经过专业回收公司的处理送相关企业利用。报废家电的质量见表 2－7。

表 2－7　报废家电的质量

名称	规格	单台质量/kg	当年报废量/万台	含铜/kg	含铅/kg	总计 铜/t	总计 铅/t	总量/万吨
电视机	18 英寸	26	500	0.2	—	1 000	—	13
洗衣机	双桶	30	500	1	1	5 000	5 000	15
冰箱	双开门	60	400	2.5	1.5	12 000	6 000	24
空调机	分离式	43	—	5				

　　中国废旧家电的处理目前尚未形成规模,处理方法首先是整机利用,即仅经过更换部分老化、破损部件后,整机可进入二手市场实现再利用;其次是对那些无法再利用的设备,将其中还能用的部件拆下来,用于新设备,取代同样的部件,从而降低新设备的生产成本,且对新设备的基本性能和使用寿命并无大碍。对于无法修复、需报废的设备,则经拆卸、破碎、回收有用成分。最后不能利用的部分可经焚烧处理利用其中的热能,从渣中回收钢铁。废旧家电的处理原则流程见图 2－5,废电视机、废冰箱和废洗衣机的处理流程见图 2－6～图 2－9。

　　废家电的处理工序如下:

　　① 卸料和粗分解。将混放的废家电按类分送各授料口,进行分解。

　　② 电冰箱处理工序。包括粉碎聚氨酯,回收 CFC－12\CFC－11,处理金属和树脂材料。

　　③ 低温破碎。以液氮作为制冷剂,在约零下 190℃ 下使压缩机等坚固部件中的铁在低温下变脆,然后破碎,使铁和金属分离。

　　④ 常温破碎。例如将电视机破碎,然后送分选,使金属分离。

　　⑤ 铜、铝分离。例如将空调器、换热器进行压延,剥离出铜管和铝翅片并分别回收。

　　⑥ 阴极显像管处理。切断阴极显像管,将面板和漏斗玻璃分开,清洗后回收,并同时回收铁、荧光粉、碳等。

```
                          废旧家电
                            │
                        ┌───────┐
                        │ 拆  解 │
                        └───────┘
                            │
        ┌───────────────────┼───────────────────┐
   可直接利用部件       不可直接利用部件            其  他
        │                   │                   │
   ┌───────┐           ┌───────┐           ┌───────┐
   │ 直接利用│           │ 再加工 │           │ 焚  烧 │
   └───────┘           └───────┘           └───────┘
                            │               ┌─────┴─────┐
                          市  场          尾气和炉渣    钢铁
                                                       │
                                                     钢铁厂
```

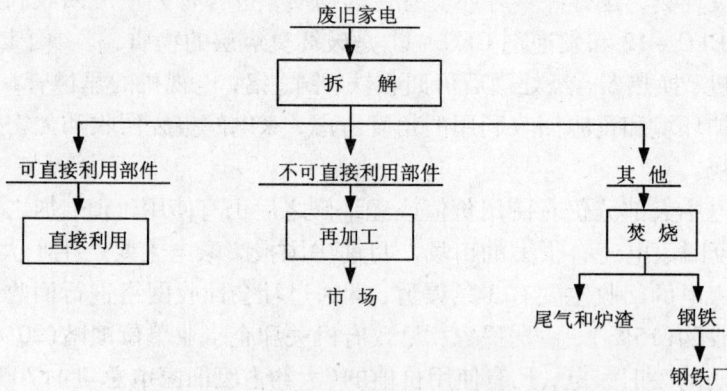

图 2-6　废旧家电的处理原则流程

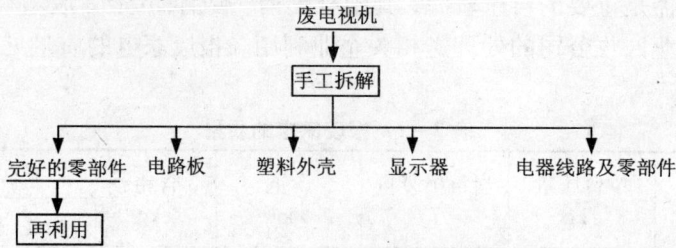

```
                          废电视机
                            │
                        ┌───────┐
                        │ 手工拆解│
                        └───────┘
                            │
   ┌────────────┬──────────┼──────────┬──────────────┐
 完好的零部件    电路板      塑料外壳     显示器      电器线路及零部件
   │
 ┌───────┐
 │ 再利用 │
 └───────┘
```

图 2-7　废电视机的处理流程

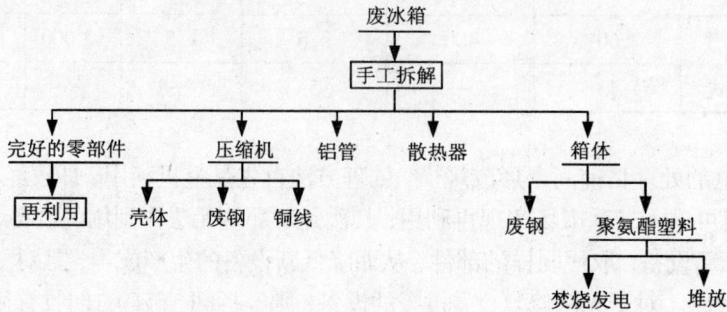

```
                          废冰箱
                            │
                        ┌───────┐
                        │ 手工拆解│
                        └───────┘
                            │
   ┌────────────┬──────────┬──────────┬──────────────┐
 完好的零部件    压缩机     铝管      散热器         箱体
   │        ┌────┼────┐                       ┌─────┴─────┐
 ┌───────┐ 壳体  废钢  铜线                    废钢      聚氨酯塑料
 │ 再利用 │                                          ┌─────┴─────┐
 └───────┘                                        焚烧发电      堆放
```

图 2-8　废冰箱处理流程

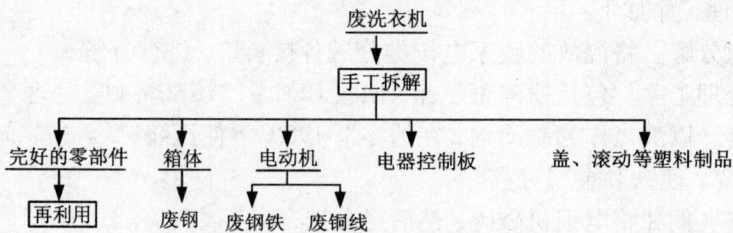

```
                          废洗衣机
                            │
                        ┌───────┐
                        │ 手工拆解│
                        └───────┘
                            │
   ┌────────────┬──────────┬──────────┬──────────────┐
 完好的零部件    箱体       电动机    电器控制板    盖、滚动等塑料制品
   │            │      ┌────┴────┐
 ┌───────┐     废钢   废钢铁    废铜线
 │ 再利用 │
 └───────┘
```

图 2-9　废洗衣机处理流程

⑦ 印刷线路板焊锡回收。将线路板加热使焊锡熔化回收。

⑧ 塑料等无害化处理。将各工序产生的含塑料等物质的垃圾进行热分解无害化处理，有条件时也可分别回收各种物质。

第3章　二次铜资源的冶炼工艺和设备

3.1　概述

国内外回收利用废杂铜的方法很多，主要分为两大类，第一类是将高品质的废杂铜直接冶炼成紫精铜或铜合金后供用户使用，称为直接利用。第二类是将废杂铜冶炼成阳极板后经电解精炼成电解铜后供用户使用，称为间接利用。间接利用法较复杂，按废料所需回收的组分采用一段法、两段法和三段法3种流程，主要工艺设备有鼓风炉、转炉、反射炉和电炉等。

3.1.1　直接利用

直接利用就是对那些成分明确的纯废料，直接回炉配炼成某种牌号或与之相近的合金的利用方法。为了确保新合金的品质，生产中常用纯金属调成分。配炼的新合金，既可用于加工成板、带、管、棒、丝等型材、线材，又可以用于铸造铜零件、铜器皿等。现在，不少再生铜生产的冶炼厂企业都十分重视废料的直接利用，在冶炼工序上的废边角余料很少流向社会，在工厂内就回炉重熔了。但整体上，我国废杂铜的直接利用水平还不够高。从冶金学和经济学的角度分析，废杂铜的直接利用所采用的流程最短，方法最简单，投资省、成本低、能耗少，经济效益好。

废杂铜可以直接利用的原料通常是废纯铜或铜合金，按原料性质直接利用有如下处理方法。

1. 废纯铜生产铜线锭

主要原料为铜线锭加工废料、铜杆剥皮废屑和拉线过程产生的废线等。冶炼过程与原生铜的生产类似，包括熔化、氧化、还原和浇铸等工序。我国原上海冶炼厂反射炉熔炼工艺吨铜能耗为207 kg标煤(29.27 MJ)，铜回收率为99.75%。

例如：对成分符合2号铜标准的紫铜废料可直接进行熔炼。熔炼设备可用反射炉或竖炉，也可用感应电炉或坩埚炉。

20世纪60年代发展起来的竖炉，由一圆柱形的钢筒构成，内衬镁砖，炉体周围均匀地装有数排燃烧器，紫杂铜从上部炉门加入炉内，油或气体燃料(要求含硫在0.1%以下)与预热空气混合均匀后，通过燃烧器喷入炉内，控制炉内呈中性或微还原性气氛，炽热气体将炉内的铜料在下降过程中加热，并在底部熔化后放出铸锭。竖炉熔炼较反射炉熔炼能耗低。

反射炉结构和一般精炼反射炉相同。整个冶炼过程由加料、熔化、氧化、还原、浇铸等5个作业组成，其中氧化和还原是关键作业。

氧化作业是向熔铜中鼓入压缩空气，目的是除去溶解于铜中的气体，控制铜液温度为1 150~1 160℃，产出的浮渣应及时扒出。氧化至铜液含氧0.5%~0.6%(以Cu_2O形态存在)为终点。

还原作业通常用含硫小于 0.4% 的重油作还原剂。为使铜液表面保持还原性气氛，在送入还原剂之前，应往炉内加入定量的木炭或石油焦作覆盖剂，还原至铜液含氧 0.03% 为极限，一般控制为 0.03% ~ 0.06%，以防止铜液充气。

还原结束后，控制铜液温度为 1 130 ~ 1 150℃ 进行浇铸。

2. 废杂铜连铸连轧生产低光亮铜杆

长期以来，出于对铜资源和成本的考虑，各国铜杆生产商一直都想在连铸连轧生产线上使用尽量多的废铜作为原材料。在 20 世纪 80 年代以前，生产商使用纯铜废料生产低氧铜杆往往得不偿失，因为工艺不成熟，成本很高。1986 年用 100% 废铜连铸连轧生产线，在西方国家取得成功，1995 年推出的全废铜连铸连轧生产线，竖炉的熔化能力达到 8 t/h，年产达 6 万吨以上，原材料成本可省 10% 左右。

我国有关电工用低氧铜杆、无氧铜杆的装机能力见表 3-1。2006 年低氧铜杆的装机数量已达 181 条生产线，总产能约达 660 万吨。近年来，由于废杂铜原料价格可获得较好的利润，因而国产的铜连铸连轧低氧铜生产线数量猛增（约 160 条），遍及全国，它们大多数用于废杂铜直接再生制杆。至于上引法无氧铜杆生产线，据 2004 年统计就已达约 400 万吨，两种杆生产能力总和已达 1 000 万吨。

表 3-1　中国电工用低氧铜杆、无氧铜杆装机能力粗略统计

项目	低氧铜杆	无氧铜杆
进口生产线	21 条，约 150 万吨	—
国产生产线	160 条，约 510 万吨	—
总计	660 万吨	约 400 万吨（2004 年数据）

注：本表统计日期为 2006 年底。

（1）我国废杂铜连铸连轧生产光亮铜杆的现状

1987 年，国内第一条由上海冶炼厂、南昌有色冶金设计研究院、北京钢铁设计院共同研制开发，采用废电线电缆经过固定式反射炉熔炼的连铸连轧生产线在上海冶炼厂投产，随后四川东方电工、安徽合肥神马、湖南汇智科技、江苏东电电工等企业都生产出类似的连铸连轧生产线。目前在国内连铸连轧生产线上产品品质比较稳定，控制水平较高的生产厂家有湖南汇智科技。它们通过总结开发制造铜杆连铸连轧生产线的情况，掌握了大量的生产数据，在提高产品品质的稳定性及设备可靠性方面做出了创新，该生产线不但能以电解铜为原料，也能更好地适应以废电线电缆为原料生产光亮铜杆的生产工艺。

江西稀有稀土金属钨业集团公司是国内第一家引进再生金属生产高导电铜合金铜杆生产线的企业。其主要工艺和设备是用内径 1.7 m 竖炉、50 t 倾动炉、25 t 保温炉处理铜的质量分数为 96% 的废杂铜。为了能处理铜的质量分数为 92% 的废杂铜，另上了一条生产线，用 150 t 倾动炉处理铜的质量分数为 92% 的废杂铜，年生产能力达 12 万吨。

（2）废杂铜直接制杆在电缆工业中的市场比例

废杂铜直接制造的杆，只要质量高、性能稳定性和成品率高，在电缆工业中就会有较大的市场份额（表 3-2）。

表 3-2 废杂铜直接制杆在电缆工业中所占的市场份额

用途	线的规格/mm	份额/%
电力电缆、建筑线、电磁线	1.10 以上	45.0
通信线缆和电磁线	0.4～1.10	20.0
软线(绳)和电磁线	0.12～0.4	20.0
电磁线、电子用线,通信线缆	0.12 以下	15.0

注：(1)废杂铜直接制杆的可拉性一般以可拉制线径 0.3mm 来衡量,在电线电缆产品应用中占有一定的市场份额。

(2)导体用的铜杆包括：用电解铜的连铸连轧低氧铜杆、上引法无氧铜杆和浸涂法的无氧铜杆;用废杂铜直接制的杆,主要是指连铸连轧低氧铜杆(即火法精炼的高导电铜杆,简称 FRHC 杆)。

废杂铜直接制造的杆,从质量而言其市场主要在质量要求稍低和较粗的线或型材上,如电力电缆、建筑用线、铜排和铜带等,但在电磁线、电子用线、通信用线等方面,若质量非上等就难以进入这些领域。

(3)废杂铜直接制杆与电解铜制杆的差异

废杂铜直接制造电工用铜杆,其方法是由回收的废杂铜经分类、分级、预处理后直接进入冶金炉内冶炼,并与连铸连轧或连铸工序组成铜杆生产线。它的优点是节能、简化工序、生产成本较低,但缺点是如何控制好杆的品质,其矛盾比电解铜制杆更突出,难度更大。因为这种杆用于制造电工产品,铜的纯度要求大于 99.9%,电性能是第一指标要求,同时还有可轧性、可拉性、可退火性和表面品质等要求,这就对废杂铜的分类、分级、再生预处理、冶炼工艺和质量跟踪监控提出了更高的要求。成品杆的品质和环保能否达标及满足要求,主要在废杂铜的预处理、投料品位、冶炼与三废处理装备、工艺及其过程的监控水平。对电线电缆产品用的原材料铜,其标准纯度为含铜≥99.95%(2 号铜)和 99.99%(1 号铜,杂质总含量不大于 65 ppm,即 65×10^{-6}),这个要求是国际公认使用的电工用原材料。用废杂铜直接制造无氧铜杆(其中包括全用废杂铜和废杂铜与电解铜混用),其技术难度主要在于含氧量的控制,用电解铜上引法制杆含氧量一般都可控制在(10×10^{-6})及以下,但用废杂铜直接制杆要达到上述指标就很难,这需要控制废杂铜的氧化,增加铜液的还原时间。另外,还有三个问题,第一,线缆产品的制造厂及其用户还要关注氢脆及其检验问题;第二,上引制杆的工艺性能、杆裂开和内部缺陷的增加,将直接影响线的可拉性;第三,石墨模具损耗、辅助时间和成本增加。因此,用废杂铜直接制造无氧铜杆的工艺方法,国外至今也还未大规模全面推广应用。

(4)废杂铜原料

目前,连铸连轧机组已基本国产化,机组的投资经费大大降低,仅为引进机组的 1/3。为降低成本,对于用料也进一步放宽,为此经过对用料进行特殊处理,可以直接利用废杂铜为原料,生产低氧光亮铜杆。

废杂铜中的主要杂质是铅、锡、锌、铁、镍、铝、锑和硫(见表 3-3),也会有少量的铋、碲、铬和银。

表 3-3　各类废杂铜中主要杂质的化学成分及含量(平均值)　　　×10⁻⁶

项目	特级和1级粒状废铜	1级废铜	粒状铜	kanal 或 birch 2级废铜	3级废铜和杂质含量高的粒状铜
铅	≤5	100	<500	<1 000	<5 000
锡	≤4	<300	<100	<800	<9 000
镍	≤4	<50	<150	<150	<3 000
锌	≤25	<50	<200	<300	<12 000
锑	≤2	<20	<50	<100	<1 000
硫	≤15	<15	<100	<200	<800
铝	≤5	<50	<40	<200	<1 000
铁	≤25	<50	<200	<500	<1 000
银	≤1	<50	<50	<50	<500
熔体损耗平均值	≤1.0%	<2.0%	2.0%	<2.5%	≤(2%~8%)

注：表中数据为质量分数。

制造电工用的铜杆，对废铜的原料和预处理要求比较高，分类、分级也是较细的，如：

① 特级废铜和1级粒状废铜。这种材料由清洁的、不镀锡的、无包覆层和非合金化的铜线和电缆所组成。

② kanal 或 birch。这些废铜由含铜量为96%的非合金化的铜线所组成。它们应是没有过多的镀铅、镀锡、镀焊料的铜线或黄铜和青铜线。

③ 2级废铜(birch 和 candy)。这些废铜由小直径的、没有绝缘的、通常为电话线的铜线和清洁的、大小直径的铜管所组成。

④ 粒状铜(clove)。这种废铜是被切断的、没有绝缘的铜线。无包覆层的非合金化的废铜线颗粒是没有锡、铅、铝或铁的，其最小含铜量为99%。

⑤ 3级废铜(dream)。这些废铜常常是混杂的、非合金化废铜的混合物，其标称含铜量为92%，通常由铜皮、蒸汽管、冷水管、热水器和类似的废铜所组成；制冷器、散热器、屏蔽物等，它们系无油、无绝缘、无过多镀铅、镀锡和镀焊料的废铜。

为了获得最好的结果，建议加入炉内的材料其组成比例如下：

1级废铜30%，2级废铜60%，粒状和3级废铜10%。

(5) 废杂铜生产低氧光亮铜杆的火法除杂

由于使用紫杂铜为原料，必须增加火法精炼除杂工序，主要杂质有铅、锌、锡、镍、铁、氧和硫等，这些杂质来源于原料，如镀锡铜废料，锡青铜、黄铜的各种合金等。精炼过程杂质的行为分为3大类：第一类是在精炼过程中易去除的杂质(S、Zn、Fe 等)，第二类是在精炼过程中一般能脱除的杂质(Pb、Sn 等)，第三类是难于脱除(Ni 等)或不能脱除的杂质。

① 除锌、硫。

锌与铜在液态时完全互溶，在固态时形成一系列固溶体。精炼时大部分锌在熔化阶段即以金属形态挥发，然后被炉气中的氧氧化成 ZnO 而随炉气排出，其余的锌在氧化初期被氧化成 ZnO，并形成硅酸锌($2ZnO \cdot SiO_2$)和铁酸锌($ZnO \cdot Fe_2O_3$)进入炉渣。当精炼含锌高的铜料时(例如精炼黄杂铜),为了加速锌的蒸发,应提高炉内温度,并在熔体表面上复盖一层木炭或不含硫的焦炭颗粒,使氧化锌还原成金属蒸发,以免生成氧化锌结壳妨碍蒸锌过程的正常进行。硫则在氧化时,生成 SO_2 随烟气除去。

②除铁。

铁与铜在一定含量范围内能互溶,但不生成化合物。铁对氧的亲和力很大,再加上它的造渣性能好,可生成硅酸盐和铁酸盐炉渣,故铁在铜火法精炼过程中很易除去。

③除铅、锡。

固态时铅不溶于铜中,液态时溶解得极为有限,铅虽然容易在造渣中生成硅酸铅被除去,但氧化铅的相对密度大,一般在物料熔化后,氧化铅就容易沉到炉底,造渣时不易上浮到熔体表面除去,因此,每次加料前往炉底加入适量的石英砂,并保持较高的炉底温度,使氧化铅结合成硅酸铅漂浮到铜液表面被除去。锡与铜在熔融时互溶,氧化造渣时,锡被氧化成 SnO 和 SnO_2,氧化亚锡呈碱性,易与 SiO_2 造渣除去,而二氧化锡呈酸性,在造酸性渣不易被除去,只有靠加入碱性熔剂(苏打或石灰)才能造渣,生成不溶于铜的锡酸钠($Na_2O \cdot SnO_2$)或锡酸钙($CaO \cdot SnO_2$)。一种按7%碳酸钠和30%氧化钙组成的熔剂,可将铜中的锡除去。

④除镍。

镍和铜能生成一系列固溶体,镍在熔化期和氧化期间均受到氧化,但既缓慢又不完全,并且在氧化期所生成的 NiO 分布于铜水和炉渣之间。溶入炉渣中的 NiO 还部分地与其中的 Fe_2O_3 结合成 $NiO \cdot Fe_2O_3$。 $NiO \cdot Fe_2O_3$ 不溶于铜水而溶于炉渣,这一部分镍是可以氧化除去的,

⑤氧的除去。

氧是在最后还原阶段除去,因为铜熔化后,极易与氧反应生成氧化亚铜($4Cu + O_2 = 2Cu_2O$)和氧化铜($2Cu_2O + O_2 = 4CuO$)。在还原阶段,插木或重油与高温铜水接触后,立即裂解产生的甲烷、氢气按下式来夺取铜水中氧化铜的氧。

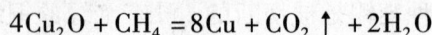

$$CuO + H_2 = 2Cu + H_2O$$

$$4Cu_2O + CH_4 = 8Cu + CO_2 \uparrow + 2H_2O$$

(6)紫杂铜连铸连轧主要生产设备

紫杂铜连铸连轧生产由熔炼炉、保温炉和铸机机组及轧机机组3部分组成,熔炼炉针对电铜熔化和紫杂铜精炼需要而不同。熔炼炉容量不宜过小,否则熔池或铜液含氧不易控制,且引剪坯和炉子留底要有一定数量的铜液,有效利用率低,目前炉子以 40~100 t/炉为宜,其中使用最多的为 60~70 t/炉。铸机是在 SCR 铸机基础上改进的,铸轮采用 1.8 m 为宜。

连铸连轧的原料为电解铜时则熔铜炉采用竖炉,没有精炼过程,其特点是操作简单、易于控制、节约能源、环境清洁且使用寿命长。主要设备包括熔铜炉、保温炉、上下溜槽、提升机构和燃烧系统等。

使用废杂铜为原料时,由于原料需有精炼过程,可使用反射炉或倾动式阳极炉为熔铜炉。

①反射炉。

反射炉是传统的火法冶炼设备之一,它是周期性作业,结构简单,操作方便,对原料及燃料适应性强,但热效率低,一般只有 15%~30%,而且消耗耐火材料高。

反射炉因一炉一个周期,炉子里的铜水放完了,铜杆也就轧完了。为了连续作业、提高效果,可以建两台炉子,交替作业。利用废杂铜连铸连轧生产光亮铜杆的主要技术一是做

铜，二是浇铸，三是轧机的工艺和维护。

②倾动式阳极炉。

倾动式阳极炉也是一种精炼炉。它与固定式反射炉相比有许多优点，倾动式阳极炉在加料和出铜时，炉身可以转动，倾动式阳极炉可以通过预埋的吹风管和还原管进行氧化还原操作，可以清洁生产，不像固定式阳极炉那样从炉门口向炉内插管，致使炉门无法封闭，造成烟气外逸，操作环境极为恶劣，但倾动式阳极炉的造价要比固定式阳极炉高。

③国产连铸连轧机组主要技术参数。

　a. 浇铸截面积　　　　　2 500 mm²
　b. 成品铜杆直径　　　　8 mm
　c. 生产能力　　　　　　10～13.2 t/h
　d. 成卷质量　　　　　　3～5 t
　e. 主要设备总体尺寸　　40 m×7.8 m×5.1 m(不包括熔铜炉、环保、冷却和过滤系统)
　f. 主要设备总质量　　　约 83 t
　g. 主要设备总功率　　　480 kW
　h. 最大终轧速度　　　　8.17 m/s
　i. 压缩空气量　　　　　6 m³/h(p=0.3～0.5 MPa)
　j. 冷却水量(软水)　　　170 m³/h(p=0.3～0.5 MPa)
　k. 乳化液量　　　　　　100 m³/h
　l. 润滑油量　　　　　　18 m³/h(p=0.1～0.3 MPa)
　m. 冷却液量　　　　　　100 m³/h(p>0.5 MPa)

（7）废杂铜直接制造的铜杆的特性

由废杂铜直接制造的铜杆的特性如表 3-4 所示。

表 3-4　由废杂铜直接制造的铜杆特性

项目名称	铜杆特性	
	废杂铜铜杆	电解铜制杆
化学成分	Cu + Ag 99.90	Cu + Ag 99.95
w(杂质)	700×10^{-6}	150×10^{-6}
φ(氧)	$(200～350) \times 10^{-6}$	$(200～350) \times 10^{-6}$
伸长率(A100)/%	40～45	45～50
(A200)/%	35～40	40～45
抗拉强度/MPa	230～240	220～240
电导率/%IACS	100～101	100～102
扭转试验到破坏/次	40～45	45～55
可拉性/mm	0.30	0.20
再结晶温度/℃	300～325	250～275
氧化层 pops 试验/Å	<1 000	<1 000
可拉性/mm	0.3	0.05 及以下

注：可以达到国标 GB/T 3952、线缆产品相应的有关标准、ASTM B49 和 ISO 1553 标准的要求。

今后随着市场需求的增大，对质量要求的提高，以及全球电线电缆行业规模化、经济化生产的发展趋势，利用废杂铜连铸连轧机组生产低氧光亮铜杆的应用将会越来越广。

3. 铜合金生产

铜加工厂的相应铜合金废料甚至可不经精炼和成分调整就可直接熔炼成原级产品；回收的纯铜或合金废料则往往需经精炼和成分调整后才能产出相应的合金。

合金熔炼时需用覆盖剂和精炼熔剂。覆盖剂的作用是防止铜合金氧化、蒸发、吸气。而加精炼熔剂是为了除去合金中的有害杂质（如铝、硅、铁、锑等）。精炼熔剂中含有化学活性物质，它能使杂质转为不溶于合金熔体的化合物而造渣。依所处理原料类型的不同，可采用苏打、萤石、硫酸钠、硼砂、氟化钠、木炭、碱金属卤化物等作为熔剂，熔剂耗量约为炉料量的 0.5% ~ 5% 不等。

用杂铜废料熔炼合金的工艺包括配料、熔化、熔炼、调整成分、浇铸等作业。熔炼设备有坩埚炉、反射炉、电弧炉、竖炉和感应电炉等。坩埚炉热效率较低、温度难控制，只在小型工厂采用。反射炉容量大，但热效率亦较低。在再生原料熔炼铜合金中，近几十年来广泛使用工频感应电炉，它具有金属损失少，劳动条件好等优点。

（1）青铜再生

熔炼再生青铜时，炉内盛有占炉料量 30% ~ 40% 的中间合金熔体（上次熔炼留下的或事先熔制的），加料前炉子加热到 1 350 ~ 1 450℃，然后加入切屑、冷压废料、返料等轻质料，再加大块旧铜和粗青铜。覆盖剂按纯碱：萤石 = 6∶4 的配比加入，其耗量为炉料量的 1.2% ~ 3.4%。精炼熔剂配比为（按质量计）铜氧化皮 96%、石英砂 4%，也可按一定比例加入硝石、铜氧化皮和石英砂，其用量视须除去的有害杂质含量而定。炉内合金熔体用加料机进行搅拌，形成的炉渣流到渣澄清池。熔炼结束后加合金配料（Sn、Pb 等）调整成分并搅拌均匀，合金在 1 100 ~ 1 150℃下进行浇铸。进入成品的铜合金回收率为 93% ~ 94.5%，进返料中的为 3% ~ 4%，进炉渣中的为 1.5% ~ 2.5%，渣可送去熔炼再生黑铜。

熔炼时进行精炼的目的是降低溶解的气体（氢、氧）含量，除去一些杂质元素。

脱除杂质时向熔体加入铜氧化皮（其量约为熔体量的 0.5% ~ 1%）或鼓入空气、水蒸汽，随铜氧化皮带入或生成的 Cu_2O 在 1 100 ~ 1 160℃下将杂质氧化除去。当向熔体鼓入空气、水蒸汽进行氧化精炼时，会造成锌的强烈氧化和挥发（对锡则影响不大），故只适于含锌不超过 3% 的青铜。

还原铜合金中的 Cu_2O 可用磷、锂、硼、钙等作脱氧剂。应用最广的是以磷铜（8% ~ 15% P）形式加入的磷，按下式反应生成挥发的 P_2O_5：

$$5Cu_2O + 2P = P_2O_5 + 10Cu$$

在实践中也用联合脱氧剂。如熔炼锡青铜时，先用磷除去大部分氧，再用锂除去残余氧，这样可得到晶粒细和机械性能好的合金。

铜合金熔体易吸收氢气，使铸件出现气泡和气体缩孔。氢在铜中的溶解度随氢的分压及熔体温度升高而增加，也与铜中的含氧量有关，氢主要来源于水（含于炉料、熔剂、燃料、空气中）的分解（$H_2O + Me \longrightarrow MeO + 2H$），火焰还原气氛中碳氢化合物的分解也是氢的一种重要来源。

铜合金除气主要是除氢（它占总气量的 95% ~ 98%），除气方法有惰性气体法、氧化除气法、真空除气法和沸腾除气法 4 种。惰性气体法是将经干燥和去氧处理过的氮（或氩）气通入熔体中，形成大量气泡，这些氮气泡中氢分压为零，熔体中的氢向气泡扩散，在气泡上浮过程中除去铜液中的氢气，同时也可脱除夹杂物。

从合金中除去非金属夹杂物的简单而有效的方法是过滤法。可用破碎的人造刚玉、镁砂、熔化过的氟化钙和氟化镁作过滤介质，其粒度为 5～10 mm。

过滤层厚度为 60～150 mm，过滤时还发生金属部分脱气作用。

（2）利用黄铜废料直接生产铅黄铜

铜合金棒型材有紫铜、黄铜、青铜、白铜等多种合金；其中黄铜约占85%，而黄铜中铅黄铜又占80%。以 2004 年为例，铜合金为 41 万吨，黄铜为 34.85 万吨，铅黄铜棒型材产量 28 万吨。

在合金废料中绝大部分为黄杂铜，根据我国国家标准，GB/T 5232—2001 的规定，其中有 10 种铅黄铜牌号，只对铜、铁、铅元素成分有所规定（见表 3-5）。因此，黄铜合金废料均可以作为铅黄铜的生产原料，特别是易切削的铅黄铜 HPb59—3。所以，使用黄铜合金废料直接生产铅黄铜制品是重要的直接利用再生铜的方法。

表 3-5　铅黄铜化学成分（GB/T 5232—2001）

代号	Cu/%	Fe/%	Pb/%	Al/%	Mn/%	Ni/%	Si/%	Co/%	As/%	Zn/%	杂质总和/%	产品形状
HPb68—2（C31400）	87.5～90,5	0.10	1.3～2.5	—	—	0.7	—	—	—	余量	—	棒
HPb66—0.5（C33000）	65.0～68.0	0.07	0.25～0.7	—	—	—	—	—	—	—	—	管
HPb63—3	62.0～65.0	0.10	2.4～3.0	—	—	0.5	—	—	—	—	0.75	板、带、棒、线
HPb63—0.1	61.5～63.5	0.15	0.05～0.3	—	—	0.5	—	—	—	—	0.75	管、棒
HPb62—0.8	60.0～63.0	0.2	0.5～1.2	—	—	0.5	—	—	—	—	0.75	线
HPb62—3（C36000）	60.0～63.0	0.35	2.5～3.7	—	—	—	—	—	—	—	—	棒
HPb62—2（C35300）	60.0～63.0	0.15	1.5～2.5	—	—	—	—	—	—	—	—	板、带、棒
HPb61—1（C37100）	58.0～62.0	0.15	0.6～1.2	—	—	—	—	—	—	—	—	板、带、棒、线
HPb60—2（C37700）	58.0～61.0	0.30	1.5～2.5	—	—	—	—	—	—	—	—	板、带
HPb59—3	57.5～59.5	0.50	2.0～3.0	—	—	0.5	—	—	—	—	1.2	板、带、管、棒、线
HPb59—1	57.0～60.0	0.5	0.8～1.9	—	—	1.0	—	—	—	—	1.0	板、带、管、棒、线

由于废杂有色金属表面附着氧化物、金属盐、油污等，可以采用高温洗涤，除去金属表面的盐类和油污。一些工件往往是由焊接件组成，以汽车、拖拉机的水箱为例，水箱管含70%的黄铜，散热片为紫铜，其间是低熔点铅锡焊料焊接而成，采用一般方法无法使其分离，而特种熔体烫洗法可除去各种杂质和低熔点焊料，达到净化的目的。经过预处理不仅能得到优质的废料，同时还可以回收部分合金元素。熔体烫洗法采用的特种熔体为硼砂熔体，温度

可达 650℃，选用硼砂作烫洗熔剂的重要原因是其不仅本身可以作为黄铜熔炼的覆盖剂，起保护作用，而且资源丰富，价格低廉。经过烫洗后的黄铜废料可以直接打包送感应电炉熔炼和水平铸成棒型坯料。

铜及铜合金棒型材生产方法：

① 热挤压法：生产 ϕ 120～100 mm 紫铜、黄铜、青铜、白铜等棒型材。

② 热挤压 – 直条链式拉伸法：生产 ϕ 8～40 mm 各种合金棒型材。

以上两种方法的合金铸锭均可用感应熔炼 – 半连续铸造，锭坯 ϕ 100～400 mm。

③ 水平连续铸造（多线 6～8 线）ϕ 8～40 mm 坯料 – 扒皮 – 直条拉伸法

此法最适合生产易切削铅黄铜棒型材，生产规模大、产量高、工艺流程短。国内已有产业化应用，产品主要应用于制锁和各种连接件。

④ 棒型盘式生产法：该法具有成品率高的特点，是生产高精棒型材代表性的方法，产品规格为 ϕ 3～10 mm，主要用于各种精密零件的半自动化生产线。

4. 白铜废料的直接利用

（1）白铜的分类和成分

白铜的分类。白铜是以铜、镍为主加入其他元素的铜基合金。按组成元素分类，白铜可分为普通白铜和特殊白铜两类；按用途分类，白铜可分为结构用白铜和电工用白铜两类。

白铜的成分。普通白铜是由镍和铜二元素构成；特殊白铜是在铜、镍基础上再加入锰、锌、铝和铁等元素组成的多元合金。

（2）白铜的性能和用途

白铜的性能。普通白铜具有优良的塑性，很好的耐蚀、耐热性能；特殊白铜除具有普通白铜所具备的性能以外，其中，锰白铜具有高的电阻率和低的电阻温度系数；锌白铜价格便宜，电性能稍逊于锰白铜，铝白铜耐寒性能好；铁白铜对海水的抗蚀能力强。

白铜的用途。普通白铜大多做结构用材料，如医疗器械、精密仪器、化工机械等；锰白铜主要用做电工材料，如电阻箱、标准电阻，各种电桥中的精密电阻、伏特计、电阻器、热电偶等；锌白铜用做结构材料，也可代替锰白铜做电工材料；铁白铜常用做海轮的冷凝设备；铝白铜常用来做低温高强度零件。

（3）白铜废料的再生工艺

1）把收集的白铜废料进行分类。

① 没有受污染的白铜废料或成分相同的白铜合金，如眼镜行业、板材加工及电子元件冲压的废料，可以回炉熔化后直接利用。

② 被严重污染的白铜废料要进一步精炼处理去除杂质。

2）对于相互混杂的白铜废料，则熔化后进行成分调整，使再生的白铜物理和化学性质不受损害，保证其使用功能。

3）白铜废料的处理步骤：

① 白铜废料进行干燥处理并除去机油、润滑油等有机物。

② 白铜废料的熔炼，将金属杂质在熔渣中除去。

普通白铜可以在工频有铁芯感应电炉内熔炼，炉衬可以采用高铝质、镁质耐火材料制造。考虑到变料方便，复杂白铜应采用坩埚式的中频无铁芯感应电炉熔炼。在中频无铁芯感应电炉内熔炼 B0.6 和 B5 时，可以采用黏土石墨坩埚，但温度不能超过 1 350℃。熔炼锰白铜以采用镁砂或者电熔刚玉质耐火材料作为炉衬较为合适。

熔炼白铜容易吸氢，白铜中氢的含量随着含镍量的增加而增大；在石墨坩埚中熔炼普通白铜时，熔炼温度一旦超过 1 400℃，熔体中的碳含量将很快达到0.03% ~ 0.05%，甚至更多。采用木炭作覆盖剂熔炼白铜时，熔炼温度不宜超过 1 350℃。熔炼镍含量较高的白铜时，当熔体与木炭的接触时间超过 20 min 时，往往会使熔体中碳的含量超过标准限量。

为了获得氢和碳含量都比较低的熔体，可以采用氧化－还原精炼工艺。例如：开始时在木炭覆盖下进行熔炼，当熔体达到 1 250℃时迅速清除木炭并在无任何覆盖情况下，使熔体直接暴露在空气中 3 ~ 5 min，或者直接把氧化镍加在熔池表面上，然后在出炉前再进行脱氧，熔炼锌白铜时，可使用适量的冰晶石进行清渣。

白铜熔体的质量，除与有关的各种熔炼工艺技术条件有关外，同时与原料的质量有很大的关系，加工过程中产生的各种锯、铣屑，应经充分干燥并将其打包或制团处理。各种细碎的屑和杂料，应该经过复熔处理后再投炉使用。碳、磷、锰、硅、铝、镁、锂、锆等，都可被用作为白铜熔炼的脱氧剂，有的还采用多种元素按一定顺序进行的复合脱氧工艺。

白铜熔炼的脱氧剂选择，以及脱氧的时机选择应根据熔炼和铸造方式确定，铁模及水冷模铸造时浇铸时间比较短，基本上不受二次氧化及吸气的影响，或者即使有影响，也不大。半连续铸造及全连续铸造则不同，往往铸造需要很长时间才能完成。某工厂熔炼白铜 B19 时对熔体中氢的含量跟踪分析的结果如下：

脱氧刚结束时	0.000 26%
脱氧 20 min 后	0.00 30%
脱氧 40 min 后	0.00 45%

5. 紫杂铜直接生产铜粉

铜粉的生产方法有电解法、喷雾法、氧化还原法及其他方法。根据铜粉的应用特性和要求，选择不同的生产方法，原料可以选用电解铜、特紫铜、1#紫杂铜或 2#紫杂铜。

（1）电解法生产铜粉

1）用途。

电解铜粉主要用于自润滑轴承，为此，要将铜与锡和石墨或只与锡相混合，以制取具有连通孔隙的零件，这些孔隙可吸入达 30% 的油，并可形成连续润滑膜，多孔性青铜轴承作为低负载轴的轴承或作为滚珠轴承的代用品，广泛地应用于汽车、家用器具、自动机械及工业机械。

电导率和热导率高是电解铜粉的特性，从而使之在电气和电子工业中得到广泛应用。由于电解铜粉具有这些属性，所以能制造出导电性为 90% IACA 或更高的零件，如电枢轴承座之类的复杂形状零件、断路器触头、接触器的短路环、容量达 600 A 的开关柜中使用的开关设备元件以及 150 A 和 250 A 保险丝熔断器元件。电解铜粉还可用于汽车交流系统硅整流器中的二极管的散热器、电火花机床用的电极工具等。

将电解铜粉与锌和镍混合，可制取黄铜或锌白铜，它们可用于制造齿轮、凸轮、金属构件、汽车零件和其他一些工业零件。另外，这种粉末还与各种非金属材料一起用于生产摩擦零件，如制动带和离合器盘，铁－铜或铁－铜－炭的预混合粉可用于制造汽车的一些部件，如凸轮、链轮、齿轮、小缸筒引擎用的活塞环等。

2）粉末生产。

①电解法生产铜粉是按照电解精炼铜的同一电化学原理进行的，但要改变沉积条件以生

成粉末或海绵状的沉积物，因此要求电解液的铜离子浓度低和酸含量高以及阴极电流密度大。虽然在以上条件下可生成海绵状的沉积物，但要生产符合工业需要的粉末仍需控制其他变量。其他的变量因素有添加剂的数量和种类，电解液的温度和循环速率、阴极的尺寸和形式、电极间距以及刷下沉积物的时间间隔等。

阳极是电解精炼铜，也可以是紫杂铜直接熔铸的阳极，但必须保证质量，阴极是铅合金板，普通装置中，阴极尺寸为 61 cm × 86 cm × 0.95 cm。为了在槽底部有足够空间收集粉末，阳极和阴极都是短的，电极互相平行排列在衬铅槽、衬橡皮槽或塑料槽中，电解法生产铜粉的流程见图 3-1。

铜粉生产的主要技术条件如下：

电解液铜离子	5 ~ 15 g/L
电解液硫酸	150 ~ 170 g/L
温度	25 ~ 60℃
阳极电流密度	430 ~ 550 A/m²
阴极电流密度	700 ~ 1100 A/m²
槽电压	1.0 ~ 1.5 V

紫杂铜直接熔铸的阳极

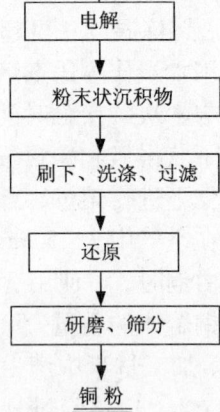

电解 → 粉末状沉积物 → 刷下、洗涤、过滤 → 还原 → 研磨、筛分 → 铜粉

图 3-1 电解法生产铜的流程

②加热处理。湿粉经彻底清洗和过滤之后即可进行加热处理，加热处理也可改变粉末的某些性能，特别是粒度、形状、松装密度和生坯强度。在通常的作业中，是把粉末装入网带电炉的料斗中。为防止粉末通过网带漏下，将一连续的湿强度高的纸板铺在网带上，然后将粉末铺开在纸上，用一辊子压缩粉末，以改善传热，当粉末进入炉中时，可将水分离出来并将纸烧掉，但是要在粉末充分烧结之后，以防止粉末通过网带漏下。加热处理完成后，所得粉块即可进行粉碎和研磨。

③研磨和最后处理。细研磨是在高速、水冷锤磨机中进行的。用锤磨机研磨时，进料速率、锤磨机的速度、锤磨机下筛子的孔径都可以改变，从而获得所需的粉末特性。因此，研磨是可以改变粉末性能的另外一个作业。从锤磨机出来的粉末被送至筛分机，在这里将筛上的粗粉筛出并返回锤磨机进行补充研磨。将 -100 目(100 目 = 0.147 mm)粉末用空气分级器进行分级，同时将细粉送去进行合批。将粗大颗粒返回锤磨机再研磨，或用作熔炼的原料。

经研磨和分级的粉末，其松装密度为 1 ~ 4 g/cm³，将粉末贮存在放入干燥剂(如硅胶或樟脑)的筒中，以防止粉末进一步氧化。

(2)雾化法生产铜粉

雾化法生产铜粉即用高压水喷射流粉碎经处理的高质量的紫杂铜熔融体，可制取压制级质量的铜粉。然后将制得的干燥粉末进行高温处理，以进一步改变铜粉的特性和工程性能。用惰性气体或空气雾化液体铜制取的粉末颗粒接近球形，该粉末用于生产片状铜粉和其他特殊用途。

生产中保持液体铜的温度 1 150 ~ 1 200℃，采用的流速为 27 kg/min 或更高。通常对于制取主要是 -100 目的粉末，采用的水压为 10 ~ 14 MPa，雾化是在空气或惰性介质(氮气)中进行的。

−100 目的气雾化粉，松装密度为 4 ~ 5 g/cm³，水雾化铜粉的松装密度可控制在 3 ~4.5 g/cm³ 之间。

铜粉在一些应用中要求松装密度低于由纯铜水雾化所达到的松装密度。为此，雾化前在铜液中添加少量的(不高于 0.2%)某些元素(例如镁、钙、钛和锂)可制得这些粉末，因为这些金属可降低铜液表面张力或在雾化时可在颗粒表面上形成薄的氧化膜。例如，生产用于制造青铜轴承、过滤器和结构零件用的压制级铜粉等产品时，常采用镁作添加剂，其粉末的松装密度可低达 2 g/cm³。工业级水雾化和气雾化铜粉的性能见表 3 –6。

表 3 –6　工业级水雾化和气雾化铜粉的性能

铜/%	氢损/%	酸不容物/%	Hall 流速/[s·(50g)⁻¹]	松装密度/(g·cm⁻³)	筛分析/%				
					+100目③	−100 ~ +150目	−150 ~ +200目	−200 ~ +325目	−325目
99.65①	0.28	—	—	2.65	微量	0.31	8.1	28.2	63.4
99.61①	0.24	—	—	2.45	0.2	27.3	48.5	21.6	2.4
99.43①	0.31	—	—	2.70	微量	0.9	3.3	14.2	81.7
>99.1②	<0.35	<0.2	约50	2.4	<8	17 ~ 13	18 ~ 30	22 ~ 26	18 ~ 38
99.1	0.77	—	不流动	4.8	微量	3	—	—	—
99.2	<0.7	—	9.13	1.9 ~ 5.5	7 ~ 14	20 ~ 30	20 ~ 30	15 ~ 30	30 ~ 50

注：① 水雾化加还原。
② 含镁。
③150 目 = 0.104 mm, 200 目 = 0.074 mm, 325 目 = 0.045 mm。

(3)铜氧化物还原生产铜粉

铜氧化物还原生产铜粉的工艺流程见图 3 –2。

该工艺选用置换铜、铜氧化物或铜屑为原料制备铜粉，由于原料中含铁和酸不溶物的量比较高，大大限制了它的使用范围，特别是摩擦材料，因为摩擦材料要求生坯强度高。

① 物料的熔化是在感应炉中进行，必须保证硅、铝足够低，否则会增加熔融金属的黏性，同时将减少粉末的压缩性，使粉末的摩擦力增大。另外，铅和锡含量高的熔融金属，还可能由于炉子漏嘴结瘤和堵塞而产生问题，影响生产正常运行。

② 雾化。物料的雾化过程是连续进行的，可用空气和水作为雾化介质，直接雾化来自炉壁侧面管子或通过漏包流出的熔液，同时，用高压空气喷入旋转筒中进行水平雾化，这样可省去粉末干燥工序。

③ 铜粉氧化。为了彻底改变粉末的形状，从而强化控制由粉末制造的各种零件的各种工程性能，要将空气雾化、水雾化或粒化的铜进行氧化，完全氧化和还原的粉末具有完整的海绵(多孔性)结构。铜的氧化物有两

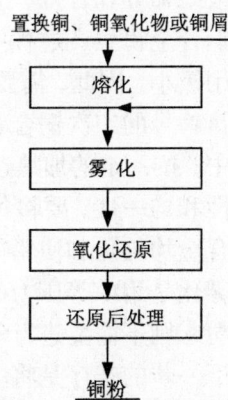

图 3 –2　铜氧化物还原生产铜粉工艺流程图

种，红色的氧化亚铜和黑色的氧化铜。

在工业生产中，铜粉的氧化或焙烧设备通常采用回转窑或流态化床，在空气中高于650℃的温度下进行。由于氧化速率较快和氧化反应的强烈放热性，与用传送带式炉焙烧相比，其作业较难控制。

④ 铜氧化物的研磨。两种铜的氧化物都是脆性的，并易研磨到 −100 目粉末，氧化物颗粒本身是多孔性的。

⑤ 研磨后铜氧化物的还原。颗粒状铜氧化物的还原，是在连续带式炉中于不锈钢带上进行的。氧化物层的厚度约为 25 mm，还原温度范围为 425～650℃，还原是从氧化物层顶部向底部逐渐进行的。炉中还原气体的流动方向一般与传送带的运动方向相反。还原气体有氢、分解氨、水转化天然气或其他吸热性或放热性煤气混合气。

⑥ 还原后的工序。从还原炉中出来的还原物料呈多孔性粉块，在颚式破碎机或类似的设备中进行粗碎，随后在锤磨机中进行细磨，研磨的粉末粒度和形状取决于几个因素。当铜氧化物颗粒粗和还原温度低时，还原时颗粒间烧结得较轻，因此研磨铜粉块时，制得的铜粉粒度差不多与原始氧化物粒度相同。当铜氧化物颗粒细小和还原温度高时，还原时烧结相当厉害，颗粒间发生黏结，必须进行强烈研磨，从而形成新的粒度分布。尽管如此，加工硬化的程度仍然不严重。制成的粉末仍具有良好的压缩性和生坯强度。

将熔化、雾化、氧化、还原和研磨时的可控参数进行各种组合，可制成各种应用产品所需要的特性粉末。对于某些应用产品，其先将铜完全氧化随后还原的方法，可代之以部分氧化或机械变形和部分氧化相结合，随后进行还原的工艺。

6. 铜合金粉

包括黄铜粉、青铜粉和锌白铜粉在内的工业用铜合金粉，其生产方法相同，可采用同样一套设备来完成熔化、雾化及最终筛分和合批，工艺流程见图 3−3。

铜合金粉生产过程中，物料进行熔化时，因为熔化中精炼作用极小，因此，需要采用高纯度的原生金属或经过精选的各自牌号的二次铜合金，并按照预先称好的装炉量装到熔化炉中，按一定的加热速率和时间进行熔炼。为保证过程的连续性和均一性，要将每炉熔炼的合金送到比原来的炉子熔化速率大的第二个炉子中，为了保证合金均匀化和使铅能均匀地弥散于含铅合金中，应使合金一直处于运动状态。

雾化是用中等压力的干燥空气粉碎由第二个炉子恒速流出的熔融液流来实现的，标准冶金级粉末则不需要进行氧化物还原。

下一步的工序是将空气冷却的雾化粉末收集起来，通过控制筛除去筛上的颗粒，并将其返回炉内重熔。每一种合金的粒度分布都是用控制雾化空气的速率和熔融金属的温度来调整的。对用于制造粉末冶金结构零件的粉末，可将筛分的合金粉末与干燥的有机润滑剂如硬脂酸锂和硬脂酸锌相混合。

典型的黄铜粉、青铜粉和锌白铜合金粉的物理性能见表 3−7。

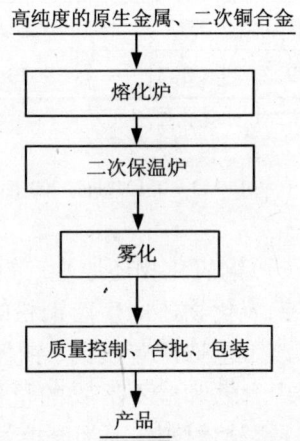

图 3−3 铜合金粉生产工艺流程

表 3 - 7　典型的黄铜粉、青铜粉和锌白铜合金粉的物理性能

性能		黄铜[①]	青铜[①]	锌白铜[②]
筛分析/%	<100 目	最大 20	最大 20	最大 20
	<100 目或 >200 目	15 ~ 35	15 ~ 35	15 ~ 35
	<200 目或 >325 目	15 ~ 35	15 ~ 35	15 ~ 35
	<325 目	最大 60	最大 60	最大 60
物理性能	松装密度/$(g \cdot cm^{-3})$	3.0 ~ 3.2	3.3 ~ 3.5	3.0 ~ 3.2
	流速/$[s \cdot (50g)^{-1}]$	24 ~ 26	—	—
力学性能	压缩性(在 414 MPa 下)[③]/$(g \cdot cm^{-3})$	7.6	7.4	7.6
	生坯强度(在 414 MPa 下)[③]/MPa	10 ~ 12	10 ~ 1.2	9.6 ~ 1.1

注：① 黄铜小于 60 目，青铜小于 100 目。
　　② 不含铅。
　　③ 加入 0.5 硬脂酸锂作润滑剂的粉末压缩性和生坯强度的数据。

7. 废纯铜生产铜箔

铜箔是电路覆合板的重要原料，目前铜箔的生产普遍采用铜电积方法。工艺流程为：废铜线在 500℃ 下进行焙烧除去油脂，然后置于氧化槽中，用含铜 40 ~ 42 g/L、H_2SO_4 120 ~ 140 g/L 的废电解液或酸洗液，在 80 ~ 85℃ 和连续鼓空气的条件下进行溶解；当溶液含铜量增加至 80 g/L 以上后，再在不锈钢或钛做成的辊筒阴极和用钛制成的不溶阳极电解槽内进行电积。电积时的阴极电流密度为 1 600 ~ 2 250 A，温度 40℃，辊筒阴极上产出 20 ~ 35 nm 厚的铜箔，其抗拉强度为 200 ~ 250 MPa。

8. 铜灰生产硫酸铜

铜灰大多是铜材在拉丝、压延加工过程中表层脱落下来的铜粉，含金属铜 60% ~ 70%，氧化铜 20% ~ 30%，表面有润滑油和石墨粉等组成的油腻层。以铜灰为原料生产结晶硫酸铜的工艺流程见图 3 - 4。

铜灰先在回转窑中于 300℃ 点火时燃烧，在 700 ~ 800℃ 高温下，通入空气使铜灰氧化，生成易溶于酸的氧化铜或氧化亚铜。焙烧熟料经筛分，获含铜约 90% 的细料，送入鼓泡塔用废电解液溶解铜。

鼓泡塔是高效率的溶铜造液设备，鼓泡塔采用不锈钢焊制，其结构见图3 - 5。氧化铜粉和酸浸液自塔顶进入，与塔内自下向上的空气与蒸汽的混合气体逆向运动，在塔的上部空间形成气 - 液 - 固三相流态化层，氧化铜粉(当有大部分的金属铜粉)浸出过程发生激烈氧化，生成的硫酸铜(同时夹带有未反应完全的铜粉)，从塔的溢流口流出，进入固液分离器，分离出的铜粉再返回鼓泡塔。浸出液送入带式冷却结晶机，获得结晶硫酸铜($CuSO_4 \cdot 5H_2O$)浆液。结晶浆液再经增稠、离心过滤、晶体烘干，最后获含铜 96% ~ 98% 的硫酸铜产品，其质量可达国家一级标准。

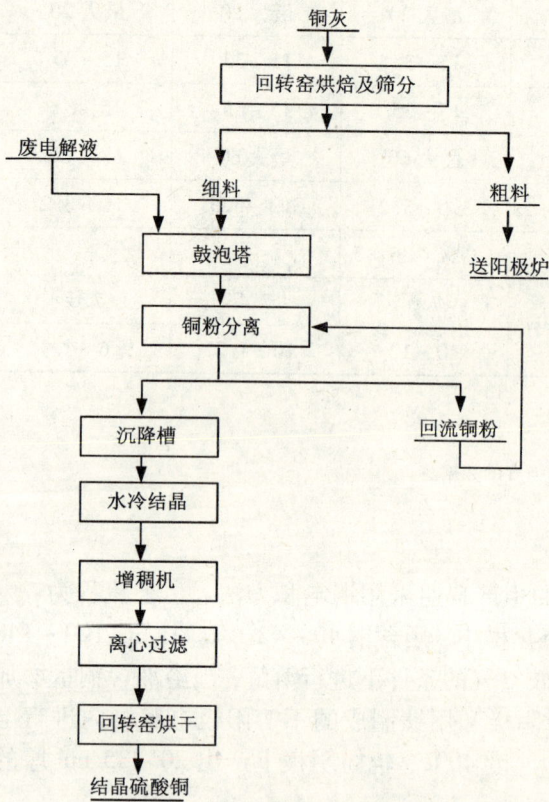

图 3-4 结晶硫酸铜工艺流程

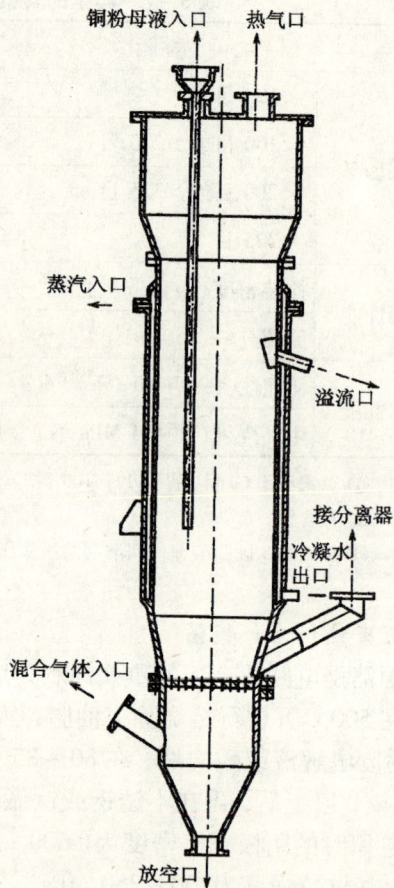

图 3-5 鼓泡塔结构图

当塔直径为 850 mm 时,硫酸铜产量为 2 500 t/a。塔的反应温度保持在 87 ~ 90℃,高温可提高铜粉溶解度、降低溶液黏度,但使氧在溶液中的溶解度下降,导致蒸汽消耗也增加。

鼓泡塔筛孔的流速根据经验决定,当速度在 25 ~ 35 m/s 时,鼓泡塔的溶解能力最高。

鼓泡塔操作压力主要由筛板阻力和塔层高度决定。当塔层高度为 2 600 mm 时,塔的操作压力为 25 ~ 34 kPa。操作压力小,塔内溶液容易泄漏,溶铜能力下降;操作压力过大时,常出的铜粉增加,溶铜能力也要下降。

3.1.2 间接利用

采用间接法处理废杂铜,一般有 3 种方法,即一段法、二段法和三段法。

1. 一段法

即将分类过的黄杂铜或紫杂铜直接加入反射炉精炼成阳极铜的方法。其优点是流程短、设备简单、建厂快、投资少,但该法在处理成分复杂的杂铜时,产出的烟尘成分复杂,难于处理;同时精炼操作的炉时长,劳动强度大,生产效率低,金属回收率也低,因此,一段法只适宜处理一些含杂质较少且成分不复杂的杂铜,对一些设备条件较差的中小型企业,一段法处理废杂铜具有一定的实用价值。

2. 二段法

即杂铜先经鼓风炉还原熔炼得到金属铜，然后将金属铜在反射炉内精炼成阳极铜；或者杂铜先经转炉吹炼成粗铜，粗铜再在反射炉内精炼成阳极铜，由于这两种方法都要经过两道工序，所以称为两段法。鼓风炉熔炼得到的金属铜杂质含量较高，呈黑色，故称为黑铜。同样的杂铜经转炉吹炼得到的粗铜杂质含量也较高，为与矿产粗铜区别起见，一般称其为次粗铜。

3. 三段法

杂铜先经鼓风炉还原熔炼成黑铜，黑铜在转炉内吹炼成次粗铜，次粗铜再在反射炉中精炼成阳极铜。原料要经过 3 道工序处理才能产出合格的阳极铜，故称三段法。三段法具有原料综合利用好，产出的烟尘成分简单、容易处理、粗铜品位较高、精炼炉操作较容易、设备生产率也较高等优点，但又有过程较复杂、设备多、投资大，且燃料消耗多等缺点。因此，我国除规模较大的企业或需处理某些特殊废渣外，一般的废杂铜处理流程多采用二段法和一段法。

3.2　湿法冶金

湿法冶金具有金属回收率高，工艺灵活性大和设备简单、环境条件好、投资省、见效快和伴生成分综合回收好等优点，适于中、小企业应用，因此在含铜废料的处理中应用比较广泛。其规律性与原矿和精矿的湿法冶金相同。

在工业生产条件下，含铜废料的溶解过程多半在扩散控制区进行，因此工业浸出设备应保证有高强度的搅拌，硫酸溶液应加热至较高的温度下浸出，以强化浸出过程。一般用硫酸、氨溶液作为工业溶剂。硫酸被认为是最有效的溶剂，但其缺点是对设备有腐蚀作用。氨溶液的腐蚀作用较小，可使有色金属与铁分离。在铵盐存在下氨溶液与有色金属反应生成配合物而进入溶液中，氨气经收集后返回浸出循环使用。在生产实践中，从浸出液中回收和分离各种金属的方法有置换法、电积法、萃取法、离子交换法、水解法、硫化物沉淀法以及各种盐和金属屑粉末形式沉淀法等。在再生金属生产中，电积法用得最为成熟。

含铜废料湿法处理前需进行预处理，使金属与泥、油和绝缘物分开。先用 70 ~ 80℃ 的碱液(含 Na_2CO_3 20 ~ 25 g/L、NaOH 约 10 g/L) 进行脱油，作业时间 20 ~ 30 min。脱油后的含铜废料送清洗槽，用 60 ~ 70℃ 的热水洗涤。含铜废料还需按粒度分级，压块料宜用电化学法溶解，而碎料可用化学法溶解。

3.2.1　含铜废料的硫酸浸出

块状、粒状或经雾化成粉状的铜、氧化铜皮、各种铜基合金均可用有氧存在的硫酸浸出。硫酸浸出可在涡轮充气搅拌或机械搅拌的设备以及加压釜中进行。浸出设备一般用内衬耐酸材料(石油沥青、水玻璃、耐酸涂料、耐酸瓷砖等)的普通碳钢制成。电解槽也需内衬耐酸材料。也有用钛制作浸出设备的，或外壳用碳钢而内衬钛板。搅拌设备、管道、阀门、管接头也可用钛制造。

复杂铜基合金浸出时，锌、镍、铁与铜一起进入溶液。铅、锡在硫酸中生成难溶化合物(如 $PbSO_4$，溶度积为 1.8×10^8)。粉状黑铜浸出 4 h 各种金属的浸出率为：Cu 和 Zn 94% ~

98%、Ni 76%、Fe 62%、Sn 1.3%、Pb 1.62%。浸出渣率与原料成分和品质有关,在 0.7% ~ 10% 范围内变化。

浸出液通常用不溶阳极电解析铜。用含锡、含钙的铅合金作阳极,阴极由种板槽产出。电解槽操作与铜电解精炼相同。电解液杂质含量控制为(g/L): $Zn \leqslant 25$、$Ni \leqslant 20$、$Fe \leqslant 3$,电流密度 200 ~ 300 A/m²,槽电压 1.8 ~ 2.4 V。电流效率 > 90%,电能消耗 2000 ~ 2500 kW·h/t(铜)。

铜也可以铜粉形式从硫酸铜中析出。这可在 130 ~ 140℃ 的高压釜中用高压氢气(2 400 ~ 2 800 kPa)还原析出铜粉,溶液中硫酸不宜超过 120 g/L,产出的铜粉可以直接销售。

国外某电缆厂用硫酸浸出废铜线生产铜箔,其工艺过程是先将铜线在 500℃ 下进行焙烧除去油脂,再用废电解液(含 H_2SO_4 120 ~ 140 g/L, Cu 40 ~ 42 g/L)或酸洗液在 80 ~ 85℃ 连续鼓空气的条件下进行浸出,空气耗量为 350 m³/h。当浸出液含铜超过 80 g/L 时,送鼓形电解槽进行电积。电解槽和鼓形阴极由不锈钢制成,而不溶阳极用钛复合材料制成。控制阴极电流密度 1 600 ~ 2 250 A/m²,温度 40℃,电解液循环速度 1.8 ~ 2.0 m³/h。电解液杂质含量控制为:有机杂质: 0.04 ~ 0.08 g/L, Cl^-: 0.02 ~ 0.07 g/L, Fe^{2+}: 0.8 ~ 3.0 g/L。在鼓形阴极上可产出 20 ~ 35 μm 厚的铜箔。

3.2.2 含铜废料的氨液浸出

氨液浸出法是用含 NH_3 和某种铵盐的溶液作为浸出溶剂。氨浸不仅易于浸出粒状铜料且可有效地浸出压块铜料、旧铜料及其他类型的再生原料。氨浸一般在 50 ~ 60℃ 下于渗滤型设备中进行。溶液中原氨浓度为 100 ~ 150 g/L, CO_2 80 ~ 100 g/L。

铜在溶液中同时以一价和二价的氨配合物并存,铜浸出率高达 99%,锌、银也进入溶液,铁、锡、铅则留在浸出渣中,这是氨浸法的一个主要优点。滤去浸出渣后的溶液送去沉铜。

经济核算表明:铜以铜粉状态从氨溶液中析出是最合理的。铜粉的价格为致密铜的 1.5 倍。铜粉生产工艺简便,先将溶液蒸馏分解出黑色 CuO 沉淀,然后在 700 ~ 760℃ 下用氢还原到纯度达 99.4% 的铜粉,其主要杂质是铁。

与硫酸浸出 – 高压氢还原法一样,也可用氨浸 – 高压氢还原法析出铜粉。浸出液可先用水解或其他方法净化除去杂质。较难除去的悬浮泥,由于其中含铅化合物较高,故可用硫酸锶(天然矿物天青石)除铅。在高压釜中控制条件为温度 200℃,总压 600 ~ 700 kPa 下沉淀铜。沉铜时间约 90 min。减压后将铜粉与溶液一起从釜内放出,经离心过滤后在 600 ~ 700℃ 下的氢气氛中干燥,产出纯度为 99.9% 的铜粉。可用于生产 1 mm 厚的铜带、直径 10 mm 的薄壁管及其他产品,滤液返回浸出。其成分为: Cu 1.5 g/L, Zn 10 g/L, CO_2 100 g/L, NH_3 (总)150 g/L, SO_4^{2-} 28 g/L。当锌和 SO_4^{2-} 分别积累到 40 g/L 时,就抽出部分溶液蒸氨,使锌呈碱式碳酸锌沉淀。

国外还研制了一种硫酸铵盐浸出 – 二氧化硫还原沉淀铜的工艺,用于处理各种置换铜、次等杂铜及铜屑等。该工艺由 3 个工序组成:用硫酸铵盐浸出含铜废料,得到以一价铜为主和铵配合物溶液;用 SO_2 把 Cu(Ⅱ)还原成 Cu(Ⅰ),使一价铜成难溶的亚硫酸铜铵沉淀,在高压釜中使亚硫酸铜铵热分解得到含铜 99.4% ~ 99.8% 的铜粉,铜粉回收率达 99%。

3.2.3 合金杂铜的直接电解

合金杂铜碎料的化学成分为: Cu 66% ~ 81%, Zn 2% ~ 25%, Sn 5% ~ 11%, Mn 约 2%,

Al 约 5% , Fe 约 3% , Si 2.5% ~4.5% , Pb 2% ~4%。

杂铜直接电解,是将经碱液清洗除去表面油污后的杂铜碎料盛于带有许多孔眼(其面积占阳极总表面积的 30%)的阳极框内进行的。由于阳极框内碎铜粒的比表面积很大,故阳极溶解的电流密度比阳极板电解的电流密度显著降低,从而不易发生阳极钝化。合金杂铜电解的工艺流程如图 3 - 6 所示。

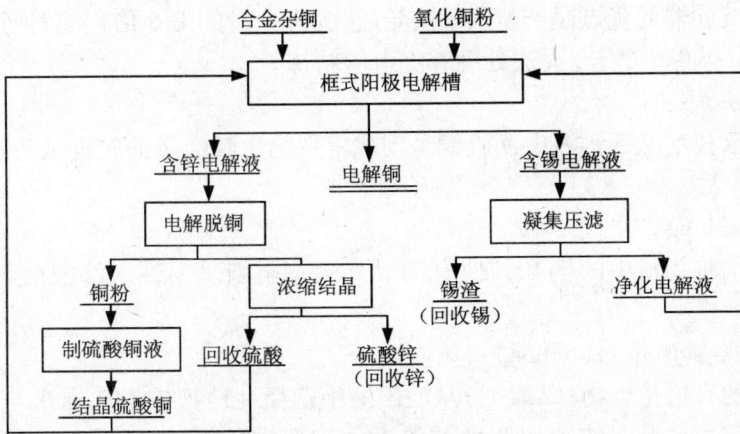

图 3 - 6   合金杂铜直接电解工艺流程

此工艺过程的主要技术条件为:

电解:阳极电流密度 $180A/m^2$。电解液温度 50 ~55℃。槽电压 0.7 ~1.0 V。电解液成分:H_2SO_4 100 ~110 g/L, Cu 50 ~55 g/L, Sn≤2.4 g/L, Zn≤100 g/L, 每吨铜加胶 60 g。

净化除锡:溶液温度 70℃。加磷酸量 1/1 000(体积比),搅拌时间 1 ~2 h。

随着电解的进行,锡以锡胶状态进入电解液,且含量逐渐增加,少量的锡胶有利于阴极铜表面光洁,但含锡达 2.4 g/L 时,则出现乳白色混浊液,使电解液黏度增加,甚至呈米浆状,不利于 Cu^{2+} 的扩散,并污染阴极产品。故电解液应定期除锡,可加磷酸或 3 号凝聚剂,使锡胶凝聚,经压滤的清液补充加入硫酸铜后返回电解。

电解液含 Zn 达 100 g/L 时,应采用不溶阳极电积脱铜,所产铜粉用于制造硫酸铜,结晶出的硫酸铜加入电解液中以补充其铜含量。脱铜后液经浓缩结晶产出硫酸锌。

由于合金杂铜阳极品位低(约 80% Cu),比铜更负电性的锌、铁、镍等杂质在阳极发生电化学溶解进入电解液,故合金杂铜直接电解与原生铜阳极电解精炼不同,随着电解的进行,电解液中铜含量不断下降,应及时添加 CuO 粉或结晶硫酸铜,以维持电解所需 Cu^{2+}。

合金杂铜直接电解的主要技术指标为:电流效率 92.5%,电耗 1 100 kW·h/t 铜,铜直收率 90% 以上,电铜品位 99.96%。

3.2.4   从低铜液中提取铜

从含铜 0.4 ~0.5 g/L 的低铜液中回收铜可采用置换沉淀法和溶剂萃取法。

1. 置换沉淀法

从低铜液中置换沉淀铜的反应可写成:

$$Fe + Cu^{2+} \longrightarrow Cu + Fe^{2+}$$

除铁外，铝、锌等较负电性的金属都可用来置换铜，但从经济角度看，废铁是最适宜的置换剂。

最简单的置换设备是敞口溜槽，溜槽靠底部设有盛装废铁的木栅格子，沉淀出的铜粉落入槽底与栅格上的废铁分离。置换液在溜槽内停留 $50 \sim 90$ min。此设备的缺点是铁耗大（为理论量的 5 倍）、劳动强度大。为克服这些缺点，已研制出高效圆锥沉淀器代替溜槽用于工业生产中。圆锥沉淀器的优点是产量大、铁耗低（为理论量的 1.6 倍）。置换法产出的铜纯度不高，含 Cu 80% $\sim$ 90%，需经火法处理并经电解精炼。

2. 溶剂萃取法

采用溶剂萃取技术从低铜液中回收铜是现代常用的比较经济的先进工艺。通常包括 3 个步骤：

(1) 浸出(leaching)

采用化学试剂将物料中的铜和其他有用成分溶解出来。铜进入溶液而与不溶杂质初步分离。

(2) 溶剂萃取(solvent extraction)

用具有特效的有机化合物(萃取剂)从浸出液中选择性地把铜提取出来与其他杂质分开，经反萃使铜得以富集，得到纯度和浓度都符合电积要求的铜溶液。这个过程称为"溶剂萃取"。经过萃取作业后含铜很少的尾液(萃余液)补酸后返回浸出作业。

萃取过程通常用煤油作稀释剂(有机相载体)，以降低萃取剂的黏度而促进有机相和水溶液的分离。

(3) 电积(electrowinning)

经萃取和反萃获得的纯净硫酸铜溶液采用不溶阳极电积技术使铜在阴极析出，获得高品质的国标 1 号阴极铜。这个过程称为"电积"。电积后的贫电解液返回萃取工序作为反萃剂，重新得到高浓度的富铜电解液。

浸出—萃取—电积这 3 个部分，互为依托，构成 3 个循环。其中萃取是承上启下的关键部分。流程示意图见图 3-7。

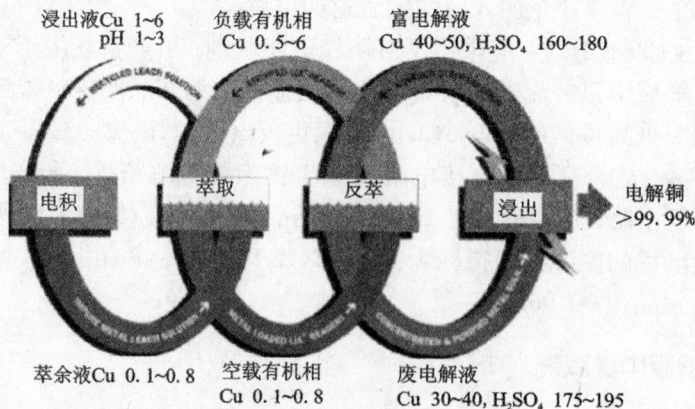

图 3-7　浸出—萃取—电积法处理废铜物料流程示意图(浓度单位为 g/L)

浸出－萃取－电积法的优点是：

①萃取剂的选择性高，可以从低铜（Cu 1～5 g/L）液中直接产出适合电积的电解液（Cu 30～50 g/L，H_2SO_4 170～220 g/L）。

②萃取剂消耗少，水中溶解度仅为几百分之一（$x \times 10^{-6}$，或 x ppm）。萃余液中所含的浸出剂（如硫酸）可以返回再利用。

③可以直接产出优质的电解铜。早期的湿法炼铜产品含有机物和铅高，认为不适于用作电工材料。但经过 20 多年的技术改进，随着各种脱出有机技术的采用、阳极材料的改进，使湿法铜的品质完全可以与火法铜相媲美，而且湿法铜产品一般不含砷、锑、铋。通过萃取－电积工艺产出的铜一般可达到 5N，即 99.999%，好的还可达到 99.999 5% 的纯度。

3. 矿浆电解法

矿浆电解（slurry electrolysis）是近 20 多年来发展的一种湿法冶金新技术，它将湿法冶金通常包含的浸出、溶液净化、电积 3 个工序合而为一，利用电积过程的阳极氧化反应实现物料的氧化浸出，使通常电积过程阳极反应大量耗能转变为金属的有效浸出。同时，槽电压降低，电解电能下降，整个流程大为简化。对传统电解或电积来说，这是一个重大的变革，不仅大大简化了流程，金属回收率高，而且能源得以充分利用，环境保护好，经济效益明显。

北京矿冶研究总院曾对北京冶炼厂（铜炉渣浮选生产）的二次精矿进行过矿浆电解法回收铜的研究。这种二次精矿为铜熔化、铸造、加工等过程的炉渣、炉灰和工业垃圾的选矿产品，一般含铜 10%～15%、锌 5%～7%，试验样品粒度 80% 以上小于 0.074 mm（−200 目）。

矿浆电解（或浸出－电解）法基本含义是将浸出和电解结合在一起，主要过程电化学反应如下：

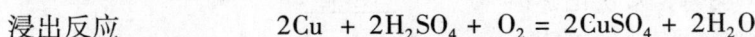

浸出反应　　　　　$2Cu + 2H_2SO_4 + O_2 = 2CuSO_4 + 2H_2O$

通入直流电，阴极　　　　$2Cu^{2+} + 4e = 2Cu$

阳极　　　　　　$2H_2O = O_2 + 4H^+ + 4e$

阳极产生的 H^+ 和 O_2 正好供给浸出反应。因此，从理论上说，铜的浸出不需外加酸，但过程中其他金属（锌、钙、镁等）的溶解消耗的部分酸需予以补充。

工艺主要技术经济指标：

金属总回收率	Cu 93%～96%
	Zn 94%～97%
电铜纯度	达到国标 1 号铜标准
铜粉纯度	99.5%，杂质含量达到国标 1 号铜标准
硫酸锌中	$w(Zn)/w(Cu) > 1\,000$
硫酸消耗	0.4～0.6 t
每吨矿石 $CaCO_3$ 消耗	0.05～0.1 t/t（矿）
每吨铜直流电耗	电铜　1 800～2 400 kW·h
	铜粉　3 400～3 800 kW·h

矿浆电解作为一种新的冶金方法，其最关键的设备是矿浆电解槽。这种电解槽与传统的电解槽在功能上有很大的区别。它必须满足浸出、电积和部分净化所需要的条件，因而在结构上与一般电解槽完全不同，这也是国内外研究人员研究的重点。北京矿冶研究总院自 1978 年开始致力于矿浆电解的工程化研究，已成功研制了适用于工业应用的 4 m^3 矿浆电解槽，见图 3-8。

图 3-8 工业用矿浆电解槽实际照片

3.3 废铜废料火法熔炼

由于废杂铜来源极其复杂，化学成分差异很大，不能直接进行电解精炼，必须先进行火法熔炼和精炼。其目的有二：一是对废杂铜进行综合利用，回收其中的有价成分；二是产出化学成分和物理规格合乎国标要求的优质阳极板。

大部分废铜只需重熔和浇铸，无须化学冶金处理。但有一部分铜废料需精炼处理才能再用，这些废料包括：

①与其他金属混合的废料；
②包覆有其他金属或有机物的废料；
③严重氧化了的废料；
④混合的合金废料。

必须在熔炼中除去铜二次原料中的杂质并铸成适当的锭块，然后再加工。处理这些废料有两种方式：一种方式是在专门的铜二次原料冶炼厂处理；第二种方式是在原生铜冶炼厂与原生铜原料一起处理。

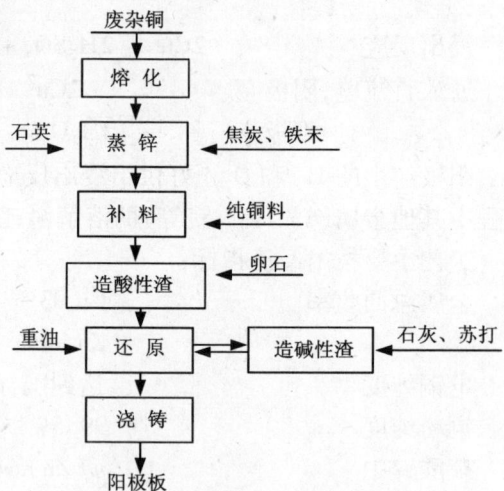

图 3-9 一段法工艺流程

3.3.1 处理方法

废杂铜物料的火法冶金通常有以下 3 种流程：

1. 一段法

此法是将经过分选后的高品质杂铜送到反射炉进行火法精炼，经过这一道工序即产出合格的铜阳极。一段法工艺流程见图 3-9。

2. 二段法

二段法分两道工序进行，第一段将废杂铜投入鼓风炉进行还原熔炼，或投入转炉进行吹炼，产出黑铜或次粗铜。第二段，在反射炉中对黑铜或次粗铜进行精炼，产出合格的铜阳极。

含锌高的黄杂铜、白杂铜适于进行鼓风炉熔炼，含铅、锡高的杂铜宜先在转炉中进行吹炼，使铅、锡进入转炉渣。含铜量低于 60% ~ 90% 的废杂铜宜用两段法处理。废杂铜为：

① 被污染的铜及铜合金废料如切头、铜屑、切余料、板头、铜线、工业及民用带铜及铜基合金的废品、废件，如电动机、电视机等，含铁量高的双金属废料（铁可作为熔剂）。

② 生产铜基合金所产炉渣，矿粗铜火法精炼渣、包渣壳、铸造铜产品垃圾、型砂等。

近年来，一些贴铜箔的材料（母体）如胶纸板、胶布板、玻璃胶板等也显著增多，也可投入鼓风炉进行熔炼。

鼓风炉熔炼 – 反射炉精炼二段法处理高锌杂铜的工艺流程见图 3 – 10，转炉吹炼 – 反射炉精炼处理高铅锡铜二段法工艺流程见图 3 – 11。

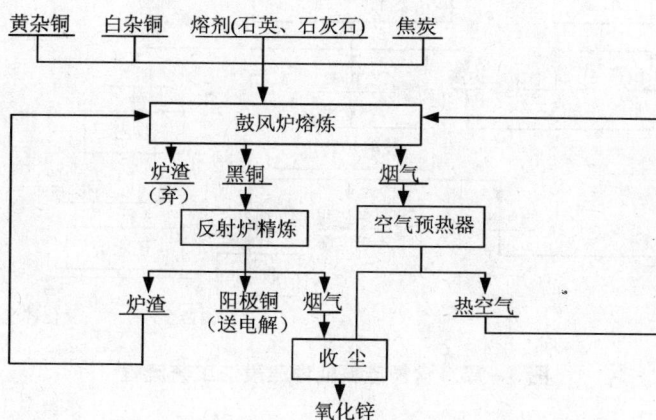

图 3 – 10　处理高锌杂铜的二段法工艺流程

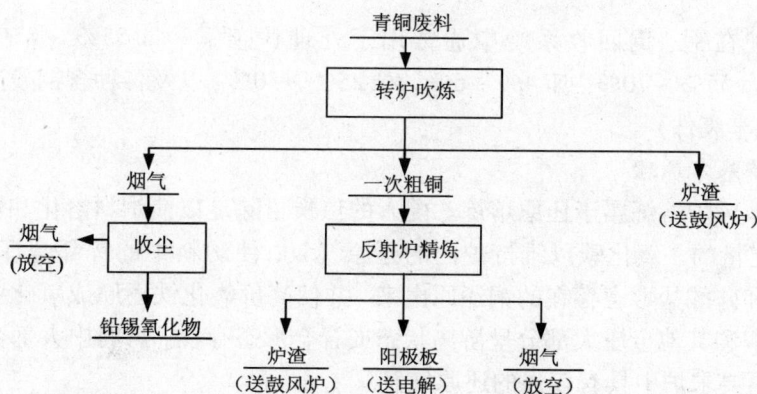

图 3 – 11　处理高铅锡铜二段法工艺流程

3. 三段法

处理难于分类的紫杂铜、黑铜、生产次粗铜所产精炼渣、高铅锡料所得转炉吹炼渣以及一些低品位的黑铜吹炼渣等,采用三段法工艺来处理比较合理。

该法分 3 步进行,杂铜先经鼓风炉熔炼产出黑铜,再在转炉中吹炼黑铜生产次粗铜,在反射炉中精炼次粗铜。鼓风炉熔炼的目的是脱去杂铜料中大部分锌;转炉吹炼的目的是要脱去大部分铅和锡(造渣);反射炉精炼的目的是进一步深度精炼次粗铜,以产出合格的铜阳极。其工艺流程见图 3 - 12。

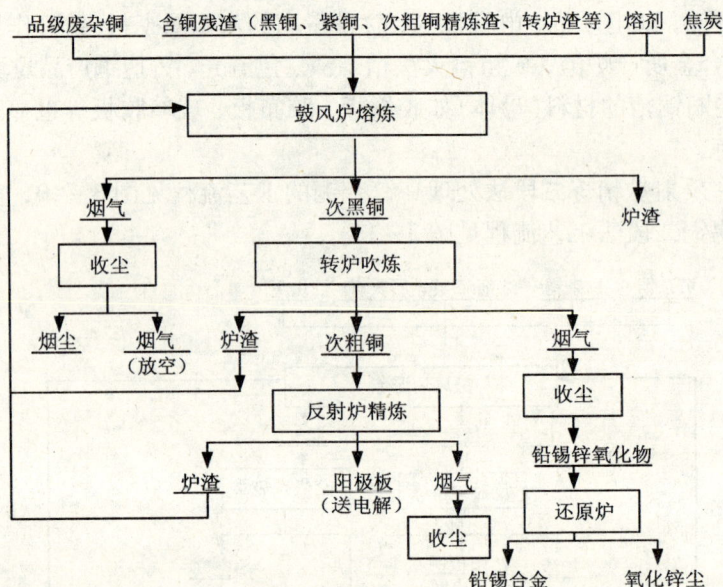

图 3 -12 含铜废料处理三段法工艺流程

3.3.2 鼓风炉熔炼

1.处理物料

废杂铜鼓风炉在铜、锡回收系统中通常用于处理黄杂铜(Cu 55% ~ 85%、Zn 8% ~ 30%)、白杂铜(Cu 55% ~70%、Ni 4% ~6%、Zn 25% ~30%)以及各种含铜残渣和各种低品位含铜废料(如汽车废件)等。

2.鼓风炉熔炼基本原理

熔炼废料的鼓风炉熔炼属于还原熔炼。配入的焦炭量除足以使炉料溶化和熔炼产物过热外,还应产生一定量的一氧化碳以维持炉内的还原气氛,使炉料中的锌部分挥发进入气相,使部分以氧化物和硅酸盐形态存在的铜还原出来,并使高价氧化铁还原成氧化亚铁造渣。鉴于炉料中所含的铜和其他金属大部分呈游离状态或合金形态存在,炉料中大部分氧化物又是易还原的,故并不要求炉中具有较强的还原气氛。

沿鼓风炉高度自上而下可分为五个区,结构图见图 3 -13,各区的温度分布及物理化学过程如下:

第一区为预备区。从风口区上升的炉气温度为 400 ~ 600℃。此区主要是炉料的加热和水分的蒸发。当炉料中有金属铅和焊料时,就会发生熔化而出现初液相。由于加料口吸入了空气在料面上发生锌蒸气及一氧化碳的燃烧:

$$2Zn + O_2 \longrightarrow 2ZnO + 696 \text{ kJ}$$

$$2CO + O_2 \longrightarrow 2CO_2 + 566 \text{ kJ}$$

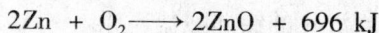

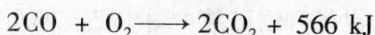

因此废气温度上升为 650 ~ 800℃。

第二区的炉气和炉料温度在 600 ~ 1 000℃范围内。在此区发生碳酸盐分解，黄铜熔化，铜锌合金中部分锌挥发，并开始发生有色金属和铁的氧化物的还原反应。

铜的氧化物最易被还原，其被 CO 还原的反应如下：

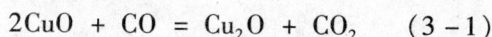

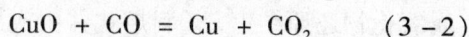

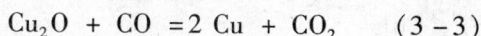

$$2CuO + CO = Cu_2O + CO_2 \qquad (3-1)$$

$$CuO + CO = Cu + CO_2 \qquad (3-2)$$

$$Cu_2O + CO = 2Cu + CO_2 \qquad (3-3)$$

据计算，反应式(3-2)在 445℃的平衡气体混合物中含 CO_2 99% 和 CO 1%。而反应式(3-3)在不同温度下的平衡气体混合物中 CO 分压值如下：

温度/℃	900	1 050	1 083
p_{co}/Pa	2.799	9.066	11.332

这些数据表明，在鼓风炉还原条件下，任何组成的炉气均可将 Cu_2O 还原成金属铜，而 CuO 也是易还原的，而硅酸铜和亚铁酸铜的还原则要求更高的 CO 浓度。

游离氧化铅也易还原，在约 200℃下还原反应就已开始。对氧化铅的还原反应：

$$PbO + CO \longrightarrow Pb + CO_2$$

气相混合物中 CO 平衡浓度值如下：

温度/℃	300	727	1227
平衡的 CO 浓度/%	0.001	0.13	5.10

含铜废料中有部分以硅酸盐和铁酸盐形态存在的结合型氧化铅比游离 PbO 较难还原。如在 800 ~ 850℃下，从液态硅酸盐化合物中还原铅反应的混合气体中平衡的 CO 浓度为 3% ~ 6%。碱性氧化物(如 FeO 或 CaO)的存在，可使硅酸铅中的 PbO 置换出来，从而提高铅的还原率。尽管氧化铅易被还原，但总有少量氧化铅未能完全还原，而与其他造渣成分形成各种化合物，反应式如下：

含铜废料中 SnO_2 的还原是分两步进行的，反应式如下：

$$SnO_2 + CO \longrightarrow SnO + CO_2$$

$$SnO + CO \longrightarrow Sn + CO_2$$

这两种氧化物的还原条件几乎相同。游离 SnO 不稳定，按下式发生歧化反应：

$$2SnO \Longleftrightarrow SnO_2 + Sn$$

用 CO 还原 SnO 的平衡气相成分为：

温度/℃	800	900	1 000	1 100	1 200
CO 浓度/%	20.9	15	8.0	5.4	4.0

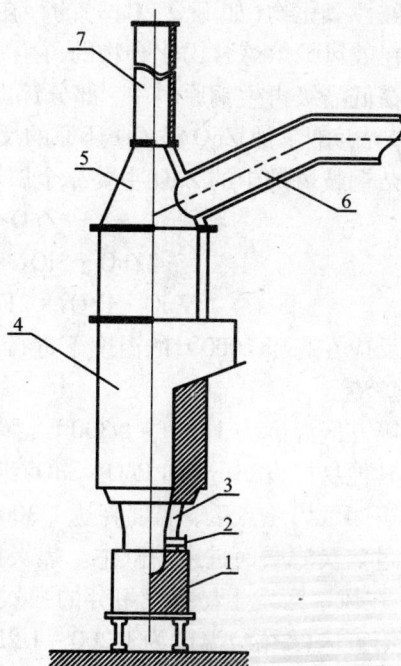

图 3-13　鼓风炉结构图

1—炉缸；2—风口；3—水套；
4—炉身；5—炉顶；6—弯烟道；7—直烟道

碱性氧化物(如 FeO、CaO)的存在,也可促进已渣化的锡硅酸盐还原。

在鼓风炉熔炼含锡化合物的再生原料时,部分锡化合物可被炉料中已有的金属铁还原。

在低品级再生铜原料中,部分锌以 ZnO 形态存在,它是难还原的氧化物之一,由于炉气中 CO 浓度低,故 ZnO 被 CO 还原的反应难于进行。

杂铜鼓风炉中的 ZnO 主要靠金属铁还原,反应式如下:

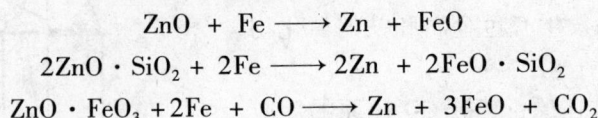

$$ZnO + Fe \longrightarrow Zn + FeO$$
$$2ZnO \cdot SiO_2 + 2Fe \longrightarrow 2Zn + 2FeO \cdot SiO_2$$
$$ZnO \cdot FeO_3 + 2Fe + CO \longrightarrow Zn + 3FeO + CO_2$$

反应在高于 1000℃ 的温度下进行。在废料熔炼时氧化锌只部分还原为金属锌而大部分进入炉渣。

第三区温度为 1 000 ~ 1 300℃,有色金属氧化物还原结束,炉料熔化并生成黑铜和炉渣,锌及其他易挥发组分(如 PbO、SnO)继续转入气相。

第四区为焦点区,温度高达 1 300 ~ 1 400℃。风口区附近充满炽热的焦炭。液态熔炼产物流过焦炭滤层而进入炉缸中。焦炭被鼓风中的氧燃烧成 CO_2,部分 CO_2 被炽热焦炭还原成 CO。在风口区发生易挥发组分的强烈蒸馏过程。

第五区(炉缸)温度为 1 200 ~ 1 250℃,汇集了液态熔炼产物,对未设前床的炉子,炉体在此澄清分离,定期分别放出黑铜和炉渣。当炉外设有前床时,熔体连续不断从炉中排出,在前床按密度差分层分离。

含铜废料鼓风炉熔炼,通常加石英和石灰石作溶剂。炉料中加适量的铁,可使有色金属氧化物还原更加完全。游离 CaO 为强碱性氧化物。它能破坏有色金属硅酸盐和亚铁酸盐,并促进其还原。在处理富铜的返料(吹炼和精炼渣、熔炼铜基合金的产出渣等)时,应特别注意加熔剂,因这些返料中的铜、锌、铅都是以渣化形式存在的。

3. 熔炼产物

废杂铜鼓风炉熔炼产物有黑铜(或次黑铜)、炉渣、烟气和烟尘。

(1) 黑铜

黑铜典型成分为:Cu 74% ~ 80%、Sn 6% ~ 8%、Pb 5% ~ 6%、Zn 1% ~ 3%、Ni 1% ~ 3%、Fe 5% ~ 8%。

(2) 炉渣

炉渣主要成分为 FeO、CaO 和 SiO_2,其中含 Cu(包括 Cu_2O 形式的 Cu)0.5% ~ 0.8%、Sn(包括 SnO 形式的 Sn)0.5% ~ 0.8%、Zn(包括 ZnO 形式的 Zn)3.5% ~ 4.5% 和少量 PbO 和 NiO。

(3) 烟气

烟气主要成分为 CO、CO_2 和 N_2 以及挥发的金属和金属氧化物。

(4) 烟尘

烟尘化学成分为 Cu 1% ~ 2%、Sn 1% ~ 3%、Pb 20% ~ 30% 和 Zn 30% ~ 45%,需进一步处理以回收金属。

4. 主要技术经济指标

废杂铜鼓风炉熔炼的主要技术经济指标与处理炉料的成分有关:

① 床能力。熔炼高锌杂铜时为 100 t/(m²·d) 左右,熔炼含铜残渣时为 80 ~ 85 t/(m² · d)。

② 焦率。熔炼高锌杂铜时,一般为 25% ~28%;熔炼含铜残渣时为 28% ~30%。

③ 铜回收率。熔炼高锌杂铜时,一般可达 97% ~99%,而熔炼含铜残渣时为 95.5%。

④ 熔剂率。熔炼高锌杂铜时为 5% ~6%,熔炼含铜残渣时,因造渣率高,可达 25% ~40%。

5. 其他熔炼炉

代替鼓风炉处理低品位铜废料的有顶吹回转炉(TBRC),TBRC 的给料和产出类似于鼓风炉,主要优点是:

①采用工业氧-油燃烧器,无须焦炭。

②反应容器旋转,使反应加速而提高了生产能力。

③TBRC 工艺能耗比鼓风炉低 70%,烟尘量小 50%,现已在美国、欧洲和南非等许多地方应用。

3.4 黑铜吹炼

3.4.1 吹炼的目的和理论基础

黑铜吹炼目的是使其中的杂质氧化除去。由于黑铜中杂质金属较多,杂质金属与鼓入熔体空气中的氧直接反应起着主要的作用。黑铜吹炼中主要发生下列作用:

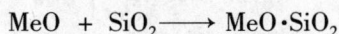

$$2Me + O_2 \longrightarrow 2MeO$$

$$MeO + SiO_2 \longrightarrow MeO \cdot SiO_2$$

吹炼过程是在转炉中进行的,黑铜中的杂质氧化成氧化物后,或挥发进入气相中除去,或与加入转炉中的石英熔剂造渣。为了达到更完全除去某些杂质(锌、镉等)所需的温度,还往转炉内加入适量焦炭。

各种杂质金属的氧化次序与其浓度和物化性质有关。当杂质金属浓度及其氧化物在熔体中的溶解度相同时,则在一定温度下对氧亲和力较大,因而易生成稳定氧化物的金属优先氧化。

3.4.2 杂质金属在吹炼过程中的行为

黑铜吹炼过程中铁最易除去($FeO + SiO_2 \longrightarrow FeO \cdot SiO_2$),吹炼过程中铁量可从 2% ~3% 降到 0.01% ~0.03%。锌一部分被氧化并造渣除去,大部分锌(占炉料中锌量的 55% ~66%)以蒸气形态挥发转入烟尘中,吹炼产物一次粗铜中锌含量不超过 0.01%。由于 PbO 极易挥发(PbO 沸点的 1 470 ℃),所以在吹炼初期铅即以 PbO 形态挥发进入气相,但它只能在大部分锌挥发并造渣后才大量挥发,一般炉料中铅量的 25% ~30% 进入气相,55% ~60% 进入炉渣,10% 留在次粗铜中。锡(沸点为 2 660 ℃)不呈金属蒸气挥发,在吹炼中它被氧化成 SnO_2 或 SnO 并与 SiO_2 结合成炉渣,只有部分锡(占炉料中锡量的 30% ~35%)以 SnO 形态进入烟气(SnO 沸点 1 425 ℃)。锑、镍和钴最难从黑铜中除去,仅能在其他杂质脱除后(即吹炼末期),这些杂质才氧化。部分锑以 Sb_2O_3 形态挥发进入烟气(Sb_2O_3 沸点为 1 425 ℃,在 1 242 ℃时,蒸气压为 53.2 kPa)。部分锑以 Sb_2O_5 形态造渣,其中有一定量的锑与 Cu_2O 形成锑酸亚铜($CuO_2 \cdot Sb_2O_5$),它溶于铜液中很难除去。次粗铜中的锑含量可降至 0.2% ~0.3% 以下。镍在吹炼中氧化成 NiO，它部分进入炉渣，大量镍进入铜液中。由于能生成一定量的且溶于铜液的复杂化合物 $Cu_2O \cdot 8NiO \cdot 2Sb_2O_5$（镍云母），因而很难将其除去。铜液中的镍含量可降至 0.5%~3%，再进一步降低铜液中的镍和锑含量则会增加渣的含铜量。

3.4.3 吹炼设备

黑铜的吹炼一般是在卧式转炉（见图 3-14）中进行的。与通常吹炼铜锍的转炉一样，卧式转炉由炉身、送风系统、排烟系统和传动系统等部分构成。转炉衬里可用镁质、铝镁质或铬镁质耐火材料。炉衬磨损最严重的是风口区，多用铝镁砖砌筑。炉衬厚 380~460 mm，风口区增厚至 540 mm。

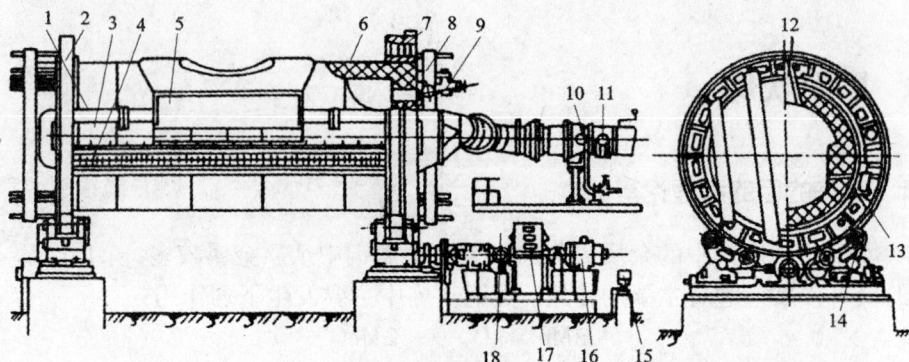

图 3-14 转炉结构

1—炉壳；2—滚圈；3—U 型风管；4—集风管；5—挡板；6—隔热板；7—冠状齿轮；
8—活动盖；9—石英枪；10—填料盒；11—闸板；12—炉口；13—风口；14—托轮；
15—油泵；16—电动机；17—变速箱；18—电磁制动器

转炉吹炼的产物有次粗铜、转炉渣、炉气及烟尘，其化学成分见表 3-8。

表 3-8 黑铜和吹炼产物的化学成分

成分/%	Cu	Zn	Pb	Sn	Ni	As	Sb	FeO	SiO$_2$	CaO	Al$_2$O$_3$
黑铜	80~87	2~6	1~2	0.7~1.8	0.3~6	0.07~0.1	—	—	—	—	—
次粗铜	92~98	0.02~0.18	0.3~0.5	0.05~3.0	0.8~3.0	0.3~2.0	0.08~3.0	—	—	—	—
转炉渣	12~40	6~12	2~40	1.5~8.0	—	—	—	7~9	4~20	0.5~1.0	4~10
烟尘	0.8~1.0	59~68	6~8	1.0~2.5	—	—	—	—	—	—	—

3.4.4　吹炼过程的主要技术经济指标

一些工厂转炉吹炼的主要技术经济指标见表 3 - 9。

表 3 - 9　转炉吹炼高铅锡铜料和次黑铜的主要技术经济指标

项　目	一　厂	二　厂
铜直收率/%	74 ~ 76	80
铜入渣率/%	20 ~ 25	15 ~ 20
造渣率%	30 ~ 35	30
空气消耗/m³①	250 ~ 600	500 ~ 1000
石英熔剂消耗/kg①	20	—
焦耗/%	10（冷装），4（热装）	—
电耗/kW·h①	150	—
水耗//m³①	1	—
吹炼时间/min	10 ~ 30	15 ~ 35

注：①以每吨粗铜计。

3.5　火法精炼

转炉所产粗铜一般在反射炉中进行精炼，也可与矿铜一起在回转精炼炉或新型倾动式精炼炉中进行。

3.5.1　火法精炼的基本原理

再生铜火法精炼的物化过程与原生铜一样。其精炼过程包括熔化（装冷料时）、氧化（蒸锌、脱铅）、还原和浇铸等作业。整个作业的核心是氧化和还原，特别是氧化，这是除杂质的主要过程，所以往往称为氧化精炼。

在熔体氧化期间，熔体一直被 Cu_2O 所饱和。Cu_2O 在熔铜中的溶解度随温度升高而增加。温度一定时，熔铜中 Cu_2O 的离解压为定值，在 1 200℃时其值为 9.8 Pa。如设所生成的杂质氧化物不溶于液态铜，也不与其他氧化物生成溶于液态铜的化合物，则残留在铜中最低的杂质浓度[Me]可由熔体内氧化亚铜和杂质氧化物离解压平衡来计算：

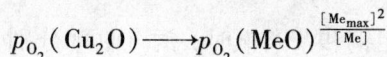

$$p_{O_2}(Cu_2O) \longrightarrow p_{O_2}(MeO)^{\frac{[Me_{max}]^2}{[Me]}}$$

式中：　[Me]——杂质最低浓度，

　　　　[Me_max]——在一定温度下液体铜被相应杂质(Me)饱和的浓度。

根据上式可计算出某些杂质在精铜中残留的最低含量为(%)：Fe 0.001，Ni 0.25，As 0.66。实践也证明铁易于从铜中除去。

锌在火法精炼中也是易除去的杂质。处理含锌高的再生粗铜或黄杂铜时，为加速锌的蒸发，在熔化期和氧化期应提高炉温，并在熔体表面覆盖一层焦炭颗粒，促使其尽可能多地挥发，熔体中含锌少时，可加适量的石英熔剂，使锌以硅酸盐形态造渣。

镍、砷、锑都是难除去的杂质。实践证明，当无砷、锑存在时，精铜中的最低镍含量可达 0.04% ~0.2%。当有砷、锑存在时就生成能溶于铜液中的"镍云母"（铜－镍的砷酸盐和锑酸盐），只有加入碱性熔剂（苏打、石灰石、镁砂）时，才能有效地将镍除去。精炼含砷、锑高的再生粗铜时，应数次重复氧化还原作业，使不挥发的五氧化物（As_2O_5、Sb_2O_5）还原成易挥发的三氧化物（As_2O_3、Sb_2O_3）除去，然后加苏打使五氧化物生成熔点低、不溶于铜液的砷酸盐，再和锑酸盐造渣除去，砷、锑浓度可降至 0.003% 以下。

铅、锡是再生铜中常有的伴生金属。其氧化较为困难。铅与镍不同，它在酸性炉衬的炉子中生成易熔渣而除去。在碱性炉衬的炉中精炼时，PbO 与加入的石英熔剂造渣，锡在氧化时，可生成 SnO 和 SnO_2。两种氧化物均部分溶于铜中，SnO 为弱碱性，能与 SiO_2 造渣，还可部分挥发。SiO_2 为弱酸性，可与 Na_2O 或 CaO 形成锡酸盐进入渣中。

再生铜可能含铋，铋、铜对氧的亲和力相近。液态时两者完全互溶，氧化铋沸点高又难挥发，在火法精炼中实际上除不掉。金、银完全进入精炼铜中，电解精炼时进入阳极泥中进一步回收。

当铜中杂质入渣后，氧化期便告结束，为防止杂质返溶，应及时将渣完全除去。之后便进入 Cu_2O 还原期，还原兼有金属脱气的作用，还原终点控制残氧量（0.03% ~0.1%）。含氧小于 0.1% 的铜阳极，电解精炼时镍实际上完全溶于电解液，从电解液中回收镍较之从阳极泥中回收镍更为简单。

3.5.2 精炼炉

1. 反射炉

固定式反射炉是一种传统的火法精炼设备，具有结构简单、造价低、原料适应性强、容易操作等优点。但该种炉子热效率低，炉门的密闭性差，操作环境恶劣，工人劳动强度大，氧化还原要人工持管，人工扒渣，且加料时间长，熔化速度慢，是一种较落后的生产设备。所以近 10 年来，很多铜冶炼厂都改用回转式精炼炉或倾动式精炼炉进行生产。

反射炉是一个水平的长方形炉体，小型炉子容量 10~50 t，炉腔宽 2~3 m，长 3~5m，长宽比为 1.5~3，熔池深度 0.4~0.6 m。烧碎煤或块煤时，在炉子头部设有燃烧室（或称火仓）。燃烧室与熔池之间砌有翻火墙，翻火墙高于熔池液面 200~300 mm。

大型精炼反射炉（见图 3-15）容量 100~400 t，长 10~15 m，宽 3~5 m。大型反射炉不设燃烧室，直接以喷嘴燃烧粉煤、重油或天然气。

主要技术经济指标：

①总回收率。精炼黑铜、次粗铜和紫杂铜的总回收率分别为 99.6%、96% 和 99.8% 左右。

②直收率。精炼黑铜、次粗铜和紫杂铜时，铜直收率分别为 93% ~95%、75% ~78% 和 96% ~98%。

③燃料率。燃料的消耗取决于杂质的含量及炉子大小，大炉子燃料率较低，小炉子燃料率较高，50 t 容量的反射炉，燃料可达最低消耗。采用重油作燃料，重油发热量按 41 033 kJ 计，燃料率为 8% ~15%（处理固态杂铜），即每吨阳极铜耗重油 80~150 kg。

④造渣率。用液体或气体燃料供热时，黑铜造渣率为 15% ~20%，次粗铜造渣率为 25% ~30%，紫杂铜造渣率为 3% ~4%。

⑤床能力。容量为 100 t 的精炼炉处理黑铜时为 4~4.5 t/（$m^2 \cdot d$），处理次粗铜时为 3~

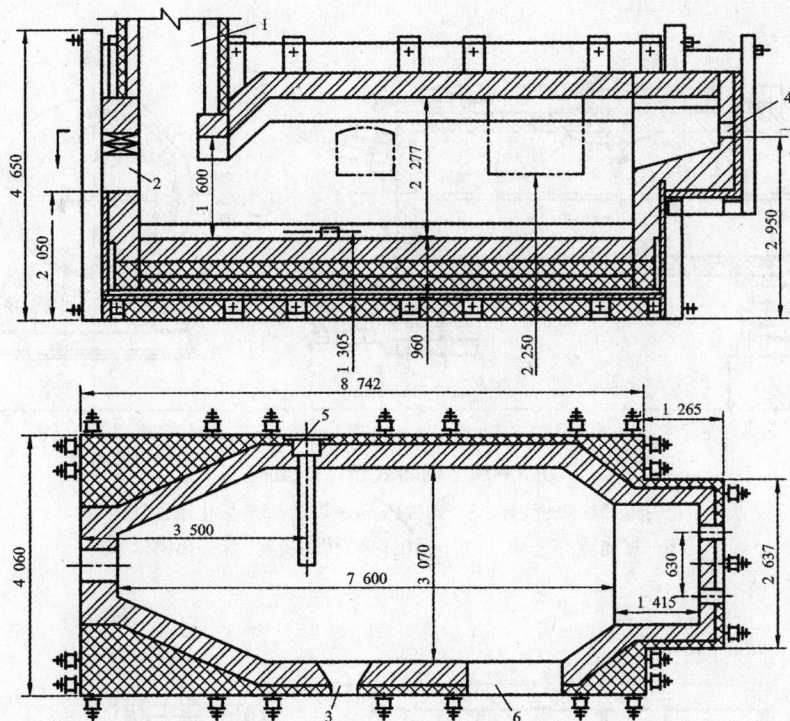

图 3 –15　大型精炼反射炉

1—排烟口；2—扒渣口；3—操作门口；4—燃烧器口；5—出铜口；6—加料炉门

$3.5\ t/(m^2 \cdot d)$，精炼紫杂铜时为 $5 \sim 6\ t/(m^2 \cdot d)$（均以重油作燃料）。

⑥杂质脱除率。Zn、Fe、Co、S 均为 90% ~99%，Pb 为 80% ~90%，Ni、As、Sb 均为 0 ~ 50%，Bi 5%。

2. 回转式精炼炉

回转式精炼炉（见图 3 –16）于 20 世纪 80 年代在我国开始应用，与反射炉相比，回转式精炼炉有以下优点。

① 炉子处理能力大（目前最大的炉子容量可达 650 t），劳动生产率高。

② 炉子结构简单，机械化、自动化程度高，操作中取消了插风管、扒渣、放铜等繁重劳动。

③ 炉子密封性好，采用负压操作，使环境大为改善，劳动条件变好，同时减少了热损失，降低了能耗，提高了热效率。

④ 降低了材料（风管、耐火泥等）消耗，降低了生产费用。

回转式精炼炉的主要问题是熔池深，受热面小，冷料熔化速度慢，故处理大块杂铜料时困难大，而且一次投资多。

3. 倾动式精炼炉

倾动式精炼炉（见图 3 –17）是 20 世纪 60 年代由瑞士麦尔兹公司依照钢铁工业应用的倾动式平炉，结合有色金属冶炼的特殊工艺要求开发成功的，其冶金过程和原理与固定式反射炉基本相同，均要经历加料、熔化、氧化、还原和浇铸几个阶段。

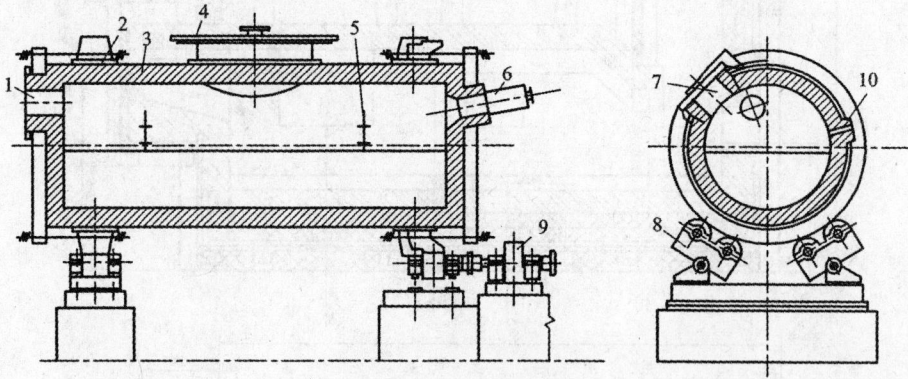

图 3 – 16   回转式精炼炉结构

1—排烟口；2—壳体；3—砌砖体；4—炉墙；5—氧化还原口；
6—燃烧器；7—炉口；8—托辊；9—传动装置；10—出铜口

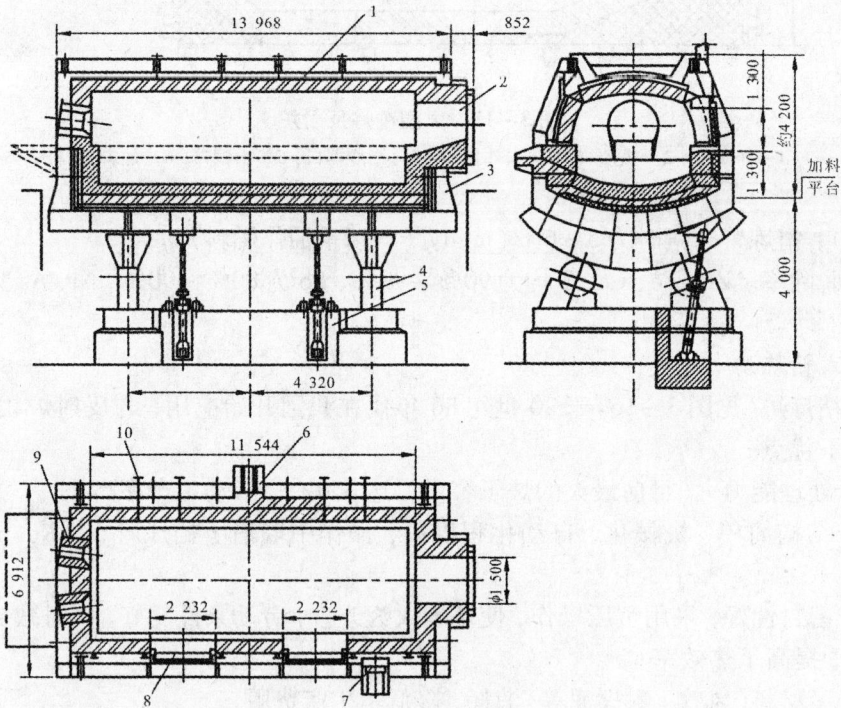

图 3 – 17   150 t 倾动式阳极炉

1—炉顶；2—排烟口；3—钢架；4—支撑装置；5—液压缸；6—出铜口；
7—扒渣口；8—加料口；9—燃烧器；10—氧化还原插管

　　它的主要优点是：对原料的适应性强，既可处理固态炉料，又可处理液态炉料；加料方便、布料均匀、熔化速度快；由于炉膛结构合理，炉体的倾动摇摆，使其传热效果好，热利用率高，节省燃料，机械化程度高。氧化用的压缩空气和还原气体是通过同一根管插入炉内，靠阀门进行切换，不需人工持管。氧化期炉子向氧化风管侧倾转15°左右，即可将风管浸入需要的熔体深度，有利于氧化风在铜液内的扩散，氧化程度高。可使用气体还原剂，还原剂利用率高，解决了固定式反射炉使用重油作还原剂产生的黑烟污染问题。出铜作业与浇铸机配套灵活，遇浇铸故障时炉子可迅速回转到安全位置，避免了反射炉可能出现"跑铜"事故。炉子寿命长，维修方便，提高了炉子作业率。由于倾动式精炼炉具有这些显著的优点，所以越来越受到人们的重视。它综合了固定式反射炉和回转式精炼炉的优点，是处理废杂铜的理想炉型，迄今国外已有十余家工厂采用该炉进行废杂铜的精炼。国内首家使用倾动炉精炼废杂铜的工厂是江西铜业公司贵溪冶炼厂，于2003年投入生产。目前倾动式精炼炉的容量为55~350 t。

350 t 倾动炉主要技术经济参数见表3-10。

表3-10　350 t 倾动炉主要技术经济参数

炉子容量 /t	炉膛面积 /m²	炉池深 /mm	烧嘴处油压 /MPa	氧化期风压 /MPa	每吨粗铜 重油单耗/kg
350	60	950	0.6	0.3	120
铜回收率 /%	精炼渣含铜量 /%	阳极铜品位 /%	出炉烟气量 /($m^3 \cdot h^{-1}$)	出炉烟气温度 /℃	炉体冷却水总量 /($t \cdot h^{-1}$)
99.5	30	99.45	38 000	1 300	135

3.6　电解精炼

3.6.1　概述

火法精炼后的铜阳极一般含铜98%以上，为了进一步除去杂质并综合回收其他有价金属，再生铜阳极需要电解精炼。对品位高、含杂质少的再生铜阳极（如紫铜阳极）电解精炼的技术条件基本上与原生铜阳极相同，其一般工艺流程见图3-18。

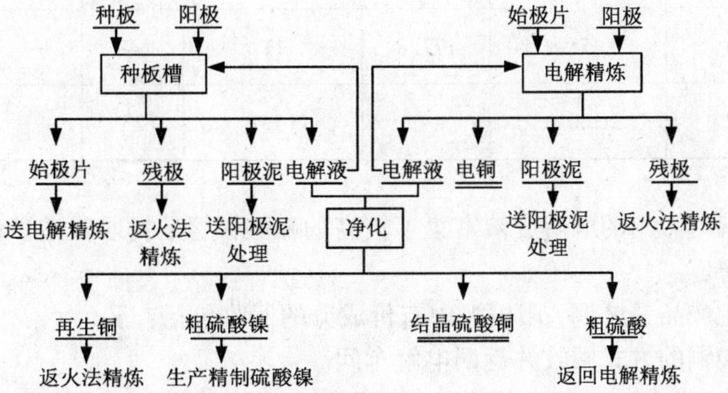

图3-18　电解精炼一般工艺流程

对品位低、含镍高的再生铜阳极，其电解技术条件必须作适当修改，即采用较低的酸度、较低的电流密度、较多的添加剂用量，以保证产出高品位电铜，高镍阳极电解精炼的技术条件如表3-11所示。国内外几个高砷、锑阳极电解的技术条件见表3-12。

表3-11　高镍阳极电解精炼的技术条件

项目	阳极成分 w/%						电解液成分/(g·L^{-1})		
	Cu	Ni	As	Sb	Bi	Pb	Cu	Ni	H$_2$SO$_4$
1厂	>94	4~6	<0.20	<0.20	0.008	<0.20	40~45	<85	100~120
2厂	99.4	0.40	0.02	—	0.0002	0.01	40~50	20~25	130~150

项目	电流密度/(A·m^{-2})	极距/mm	每槽循环速度/(L·min^{-1})	每吨铜添加剂/g		
				胶	硫脲	食盐
1厂	≤130	110~130	15~20	300~350	45~60	400~500
2厂	250~280	—	—	—	—	—

表3-12　高砷、锑阳极电解的技术条件

项目	阳极成分 w/%					电解液成分/(g·L^{-1})				
	Cu	As	Sb	Bi	Pb	Cu	H$_2$SO$_4$	Ni	As	Bi
国内某厂	98.5~99	0.3~0.5	0.2~0.4	0.1~0.15	—	40~45	190~210	20	15~16	0.7
国外1厂	97.5	0.1	0.7	0.01	0.6	40	135	2.5	2.6	0.4
国外2厂	98.5	0.22	0.31	0.004	0.18	45	190	10	8	0.6

项目	电流密度/(A·m^{-2})	电解液温度/℃	极距/mm	每槽循环速度/(L·min^{-1})	每吨铜添加剂/g			
					胶	硫脲	干酪素	盐酸
国内某厂	250~310	60~65	90	25~30	40~60	30~50	—	150~400
国外1厂	194	55	177.8	11	349	—	—	1000
国外2厂	142	60	—	15.1	25	—	25	—

高镍阳极电解时产出的电解废液富集了较高的硫酸镍，是提取硫酸镍的好原料，硫酸镍可作为副产品出售。

电解车间的主产品是电铜，阳极泥中有价成分的回收包括：

①铜。以硫酸铜的方式回收并返回电解车间。

②金、银和铂族金属。与原生铜企业处理阳极泥的方式类似，或外销。

3.6.2 电解精炼基本原理

1. 电极反应

铜的电解精炼是将火法精炼的铜浇铸成阳极板,用纯铜薄片(也称始极片)或不锈钢板作阴极,阴、阳极相间地装入电解槽中,用硫酸铜和硫酸的混合溶液作电解液,在直流电的作用下,阳极上的铜和电位较负的贱金属溶解进入溶液,而贵金属和某些金属(如硒、碲)等不溶,成为阳极泥沉于电解槽底。溶液中的铜优先在阴极析出,而其他电位较负的贱金属不能在阴极析出,留于电解液中定期净化除去。阴极上析出的铜具有很高的纯度,称为电解铜。

电解液中的各组分按下列反应生成离子:

$$CuSO_4 \Longrightarrow Cu^{2+} + SO_4^{2-}$$

$$H_2SO_4 \Longrightarrow 2H^+ + SO_4^{2-}$$

$$H_2O \Longrightarrow 2H^+ + OH^-$$

在未通电时,上述反应处于动态平衡,当直流电通过电极和溶液时,各种离子做定向运动,在阳极上可能发生下列反应:

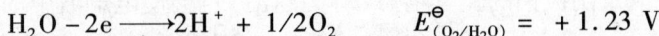

$$Cu - 2e \longrightarrow Cu^{2+} \qquad E^{\ominus}_{(Cu^{2+}/Cu)} = +0.34 \text{ V}$$

$$H_2O - 2e \longrightarrow 2H^+ + 1/2O_2 \qquad E^{\ominus}_{(O_2/H_2O)} = +1.23 \text{ V}$$

$$SO_4^{2-} - 2e \longrightarrow SO_3 + 1/2O_2 \qquad E^{\ominus}_{(SO_4^{2-}/O_2)} = +2.42 \text{ V}$$

若电解液中含有比铜的负电性更强的金属(Ni、Fe、Pb、As、Sb 等)时,它们也会在阳极上发生下列反应

$$Me - 2e = Me^{2+} \qquad E^{\ominus}_{(Me^{2+}/Me)} < 0.34 \text{ V}$$

式中 Me 表示比铜更负电性的金属。由于它的标准电位比铜低,并且浓度很小,其电极电位更低,从而优先从阳极上溶解到溶液中,不过由于阳极主要成分为铜,所以反应主要是铜溶解反应($Cu - 2e = Cu^{2+}$)。H_2O 和 SO_4^{2-} 的标准电位代数值很大。在正常情况下它们不可能在阳极上发生放电作用。此外,氧的析出还具有相当大的超电压,因此,在铜电解精炼过程中不可能发生 $H_2O - 2e = 1/2 O_2 + 2H^+$ 的反应,只有当铜离子的浓度达到极高或电解槽内阳极严重钝化,使槽电压升高至 1.7 V 以上时才可能有氧在阳极上析出。此阳极中的 Ag、Pt 等电位更正的金属更不能溶解,而是以粒子状态沉落到电解槽底部,形成所谓“阳极泥”。

在阴极上可能发生下列反应

$$Cu^{2+} + 2e = Cu \qquad E^{\ominus}_{(Cu^{2+}/Cu)} = +0.34 \text{ V}$$

$$2H^+ + 2e = H_2 \qquad E^{\ominus}_{(H^+/H_2)} = 0.0 \text{ V}$$

$$Me^{2+} + 2e = Me \qquad E^{\ominus}_{(Me^{2+}/Me)} < 0.34 \text{ V}$$

从以上反应看出,铜的析出电位较氢为正,而氧在铜极上析出的超电压值又很小(25℃,电流密度 100 A/m² 时为 0.584 V),故只有当阴极附近电解液中 Cu^{2+} 浓度降到极低时,并且电流密度过高而发生浓差极化时,氧气才可能在阳极上析出。电极电位比铜低、浓度小的负电性金属(Me)不可能在阴极析出,但是当阴极附近溶液中 Cu^{2+} 浓度降至极低(10 g/L)时,与铜电极电位相近的金属如 As、Sb、Bi 等将以一定比例与铜一起在阴极析出。

综上所述,铜电解精炼过程中,在两极上的主要反应是铜在阳极上的溶解和铜离子在阴极上的析出。但在实际电解时,阳极铜除了以二价铜离子(Cu^{2+})的形式溶解外,还会以一价

铜离子(Cu^+)的形式溶解,即:

$$Cu - e = Cu^+$$

生成的一价铜离子(Cu^+)在有金属铜存在的情况下,和二价铜离子产生下列平衡:

$$2Cu^+ \rightleftharpoons Cu^{2+} + Cu$$

在生产过程中,Cu^+ 和 Cu^{2+} 间的平衡常常不断地受到破坏,其主要原因有两个:

① Cu^+ 被氧化成 Cu^{2+}:

$$Cu_2SO_4 + H_2SO_4 + 1/2O_2 = 2CuSO_4 + H_2O$$

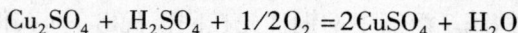

该反应随温度升高及电解液与空气接触程度增加而加快,结果使溶液中含铜量增加,并使硫酸量减少。

② Cu^+ 分解析出铜粉:

$$Cu_2SO_4 = CuSO_4 + Cu(铜粉)$$

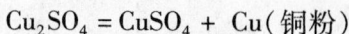

产生的铜粉沉入阳极泥,增大了铜的损失,从而降低铜电解直收率。

上述两个原因都使 Cu^+ 的浓度往往稍低于其平衡浓度,这又促使以上各反应向着生成 Cu^+ 的方向进行,使阳极的电流效率提高,阴极的电流效率降低,并导致溶液中 Cu^{2+} 浓度不断增加。Cu^+ 分解和氧化的结果,使电解液中游离硫酸含量减少和 $CuSO_4$ 的浓度增加。阳极中的铜和氧化亚铜以及阴极铜的化学溶解(称为返溶)也会使电解液中的含铜量增加,即:

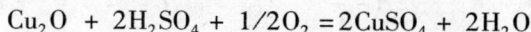

$$Cu_2O + 2H_2SO_4 + 1/2O_2 = 2CuSO_4 + 2H_2O$$

$$Cu + H_2SO_4 + 1/2O_2 = CuSO_4 + H_2O$$

此外,溶液中游离硫酸浓度的降低,还可导致 $CuSO_4$ 的水解。

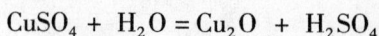

$$CuSO_4 + H_2O = Cu_2O + H_2SO_4$$

进一步破坏了 Cu^{2+} 与 Cu^+ 之间的平衡,并增加阳极泥中的铜量。

如果电解过程中使用的电流密度太小时,Cu^{2+} 在阴极上的放电可能变得不完全,而按下式进行还原生成 Cu^+:

$$Cu^{2+} + e = Cu^+$$

Cu^+ 在阳极上随即按式 $Cu^+ - e = Cu^{2+}$ 氧化,从而导致电流效率下降。

据此,铜电解精炼过程,主要是在直流电的作用下,铜在阳极上失去电子后以 Cu^{2+} 的形态溶解,而 Cu^{2+} 在阴极上得到电子以金属铜的形态析出的过程。除此之外,还不可避免地有 Cu^+ 的产生,并引起一系列的副反应,使电解过程复杂化。

根据以上分析,可以认为铜电解精炼时较有利的工作条件是:电解液中含有足够高的游离硫酸和二价铜离子;电解液的温度不宜过高;采用足够高的电流密度;尽量减少电解液与空气的接触。

2. 阳极杂质在电解过程中的行为

我国一些杂铜冶炼厂所产阳极铜的化学成分见表 3 – 13。

表 3–13　我国一些杂铜冶炼厂所产阳极铜的化学成分/%

工厂	阳极	Cu	As	Sb	Bi	Pb	Sn	Ni	Fe	Zn	Au/ (g·t⁻¹)	Ag/ (g·t⁻¹)
1	黄铜阳极	>98.8	<0.20	<0.20	<0.08	<0.20	<0.06	0.1 ~ 0.25	<0.006	约 0.015	4 ~ 14	400 ~ 450
	白铜阳极	>94.0	<0.20	<0.20	<0.08	<0.20	<0.06	4 ~ 6	<0.005	约 0.015	7 ~ 8	400 ~ 450
	次粗铜阳极	>98.9	<0.20	<0.20	约 0.015	<0.20	<0.20	<0.30	0.003	约 0.01	7 ~ 8	1100 ~ 1160
	紫杂铜阳极	>98.8	0.003 ~ 0.15	<0.02	< 0.002	<0.04 ~ 0.10	0.02	<0.05	<0.006	<0.015	3 ~ 4	140 ~ 170
2	杂铜阳极	>99.0	0.3	0.3	0.01	0.5	—	0.5	—	—	总和 1.2	
3	杂铜阳极	99.12	0.027	0.046	—	0.124	1.021	—	—	0.087	—	—
		99.33	0.055	0.0067		0.170				0.094		
		99.50	0.012	0.045		0.170				0.073		

通常阳极铜中的杂质分为以下 4 类:

(1) 比铜显著负电性的元素

如锌、铁、锡、铅、钴和镍。当阳极溶解时,以二价离子状态进入溶液,其中铅和锡由于生成难溶的盐或氧化物,大部分转入阳极泥,其余则在电解液中积累,共同特点是消耗溶液中的硫酸,增加溶液的电阻。

(2) 比铜显著正电性的元素

如银、金、铂族元素。这些元素在电解时,不溶于电解液,几乎全部沉于槽底,形成阳极泥,其中有 0.5% 左右的阳极泥被机械挟带到阴极上,造成贵金属损失。

(3) 电位接近铜但较铜负电性的元素

如砷、锑、铋。砷、锑、铋这类杂质对铜电解精炼最有害,既能溶于电解液,又可能与铜一起在阴极上析出(当浓度增大时),还可能形成漂浮阳极泥,漂浮于电解液中,难于沉降,并机械黏附在阴极上。漂浮阳极泥中以 Pb、As、Sb、Bi 为主,见表 3–14。故阴极铜中所含的砷、锑、铋主要是由漂浮阳极泥污染以及阴极沉积物晶体间毛细空隙吸附了含有砷、锑、铋的电解液所引起的。

表 3–14　漂浮阳极泥的化学成分

元素及存在形态	含量/%	元素及存在形态	含量/%
Cu(呈碱性砷酸盐形态)	0.6 ~ 3	As	11.9 ~ 18
Pb(呈硫酸铅沉淀)	2.8 ~ 7.6	SO₄²⁻	1 ~ 4
Bi(呈氢氧化铋沉淀)	2 ~ 8	Cl⁻	0.2 ~ 1.2
Sb	29.5 ~ 48.5	Ag(银屑)	0.04 ~ 4

为保证电解过程顺利进行，产出合格的阴极铜，应当在火法精炼时尽可能将它们除去。同时在电解时还要采取以下措施，以降低其危害。

①控制电解液适当酸度和铜离子浓度，防止它们水解和在阴极上放电。

②维持电解液温度在 55 ~ 60℃范围内和适当的循环速度。

③采用适当的电流密度，采用常规法电解时，电流密度维持在 300 A/m² 以下。

④加强电解液净化，确保电解液中砷为 5 g/L（不超过 13 g/L），锑为 0.2 ~ 0.5 g/L（不超过 0.6 g/L），铋为 0.01 ~ 0.3 g/L（不超过 0.5 g/L）。

⑤加强电解液过滤，实践表明，控制电解液中漂浮阳极泥含量不超过 20 ~ 30 mg/L，有利于高纯阴极铜生产。

⑥向电解液中添加配比适当的添加剂，保证阴极铜表面光滑、致密，减少漂浮阳极泥或电解液对阴极铜的污染。

（4）其他杂质

如氧、硫、硒、碲、硅等。阳极铜中的氧通常与其他元素形成化合物而存在，硫大多形成 Cu_2S，这些化合物大多难溶于电解液，在电解过程中主要进入阳极泥，NiO、镍云母及 Cu_2O 等也不溶于电解液而进入阳极泥。

阳极铜中的硒多以 Cu_2Se 颗粒夹杂于 Cu_2O 之间。碲的主要载体是 $Cu_2Se - Cu_2Te$，在电解过程中硒化物、碲化物不会溶解，它们均进入阳极泥。不过处理废杂铜时，阳极中含的 Se、Te 很少，所以基本上不会给电解过程带来多大影响。

由于阳极铜中的各种杂质元素含量不同及电解条件不同，所以在电解时的走向也不同，铜电解时阳极中各成分在电解时的走向见表 3 - 15。

表 3 – 15　铜电解时阳极中各成分在电解时的走向/%

元　素	进入电解液	进入阳极泥	进入阴极
Cu	1 ~ 2	0.03 ~ 0.1	93 ~ 99
Ag	2	97 ~ 98	< 1.6
Au	1	99	< 0.5
铂族	—	约 100	0.05
Se、Te	2	约 98	1
Pb、Sn	2	约 98	1
Ni	75 ~ 100	—	—
Fe	100	—	—
Zn	100	—	—
Al	约 75	约 25	5
As	60 ~ 80	20 ~ 40	< 10
Sb	10 ~ 60	40 ~ 90	< 15
Bi	20 ~ 40	60 ~ 80	5
S	—	95 ~ 97	3 ~ 5
SiO₂	—	100	—

3.6.3　电解精炼主要设备

电解槽是电解车间的主体设备。电解槽为长方形的槽子，其中依次更迭吊挂着阳极和阴极。电解槽内附设有供液管、排液管(斗)、出液斗的液面调节堰板等。槽体底部常做成由一端向另一端或由两端向中央倾斜，倾斜度大约为 3%。最低处开设排泥孔，较高处有清槽用的放液孔。放液排泥孔配有耐酸陶瓷或嵌有橡胶圈的用硬铅制作的塞子，防止漏液。此外，在钢筋混凝土槽体底部还开设有检漏孔，以观察内衬是否破坏。用钢筋混凝土构筑的典型电解槽结构如图 3 – 19 所示。

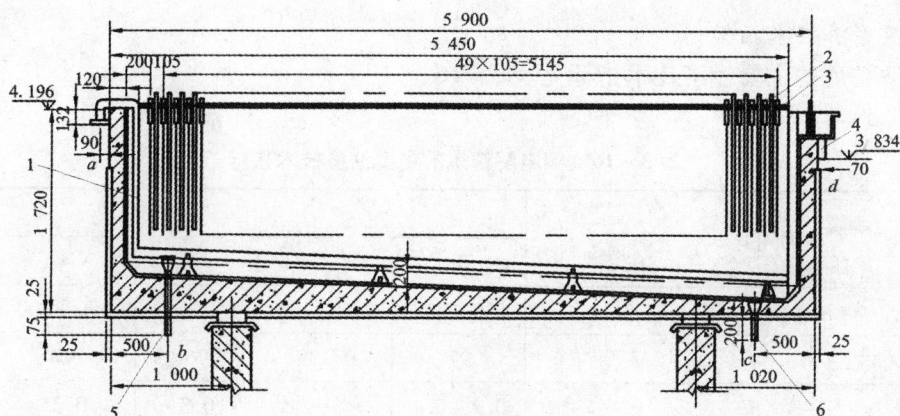

图 3 – 19　电解槽结构
1—进液口；2—阳极；3—阴极；4—出液管；5—放液管；6—放液阳极管

3.6.4　铜电解精炼的工艺参数和主要经济技术指标

1. 电流密度

一般是指阴极电流密度，即单位阴极板面上通过的电流强度。工厂中采用的电流密度单位是 A/m^2。目前铜的电流密度一般是 $220 \sim 270\ A/m^2$。

2. 电流效率

铜电解精炼的电流效率通常是指阴极电流效率，为电解铜的实际产量与按照法拉第定律计算的理论产量之比，以百分数表示。若按阳极计则为阳极电流效率。由于阳极溶解时，小部分的铜以一价铜离子的形态进入溶液(故按二价铜来计算的电流效率都比阴极电流效率高 0.2% ~ 1.70%)，因此使电解液中的含铜量不断增长。铜电解阴极电流效率为 $(95 \pm 3)\%$。

3. 槽电压

槽电压对电解铜电能消耗的影响非常大，对电流效率的影响也很显著。每个电解槽的槽电压包括阳极电位、阴极电位、电解液电阻所引起的电压降、导体上的电压降以及槽内各接触点的电压降，有时还包括阳极表面的阳极泥电压降等。

根据各工厂的槽电压分布情况统计，电极电位差值($\varphi_+ - \varphi_-$)占槽电压的 25% ~ 28%，电解液电压降 E_p 占 30% ~ 37%，接触点及金属导体电压降占 8% ~ 42%。槽压的正常范围为 0.2 ~ 0.25 V。

4. 电能消耗

铜电解的电能消耗,是按生产 1 t 电解铜所消耗的直流电进行计算,也能够按总电能消耗(交流电耗)计算。直流电消耗包括生产电解槽、种板电解槽、脱铜电解槽和线路损失等全部直流电能消耗量,一般每吨电铜消耗为 230~280 kW·h,电能消耗可以综合地反映出电解生产的技术水平和经济效果。

电能的单位消耗决定于电解槽的槽电压和电流效率,并随槽电压升高或电流效率降低而增大。工厂的电流效率波动不大,而槽电压由于受电流密度、电解液成分及温度、阳极组成等因素影响而波动范围较大,一般为 0.2~0.4 V 之间,因而对电解铜的电能消耗具有更大的影响。

5. 主要经济技术指标

铜电解精炼的主要经济技术指标见表 3-16。

表 3-16 铜电解精炼的主要经济技术指标

项 目	工 厂				
	1	2	3	4	5
电流密度/(A·m^{-2})	230~322	230~240	221	290~300	—
电流效率/%	97	97.39	96	97	93
槽电压/V	0.2~0.4	—	0.3	0.35	—
直流电耗[①]/(kW·h)	260~280	293	260~310	275~285	400
交流电耗[①]/(kW·h)	—	—	<380	—	—
残极率/%	17	—	16~24	16.5	—
硫酸单耗[①]/(kg·h)	3	6	≤10	18	—
蒸汽单耗[①]/t	1	—	≤12	0.85	0.7
同极中心距/mm	75	90	80	90	96
电解液温度/℃	62~67	58~60	54~65	62~65	—
电解液循环速度[②]/(L·m^{-1})	30~40	18~20	22	20~25	15~120
铜直收率/%	81~82.5			83	
铜总回收率/%	99.90	—	>99.80	—	—

注:①以每吨电解铜计;
②以每槽计。

3.7 原生铜冶炼厂中二次铜原料的处理

为了增加铜的产量,一些工厂在以矿铜生产为主的同时,也向转炉或阳极炉加入一定数量的废杂铜。近年来,我国从国外进口大量的废杂铜,并呈逐年上升之势,这些废杂铜已成为我国铜生产的重要原料。

加入原生铜冶炼厂转炉中处理的铜二次原料品质要求与铜二次原料冶炼厂类似，低合金废料，1、2 类废铜，压块的切屑，工厂返料，含塑料不太高的低品位废料等都可以。转炉作业一般是放热反应，因而可处理部分冷料和废料以吸收多余的热量。

阳极炉处理的原料主要限于高品位铜二次原料，如废铜丝、线，不合格阳极、残极等。

在原生铜转炉吹炼作业中加入高品位铜二次原料的处理方式，可以利用原生铜吹炼中硫和铁氧化放热来熔化废铜。也可将高品位铜二次原料加入精炼(阳极)炉处理，但需消耗更多的燃料。

低品位铜二次原料一般不太适于在原生铜冶炼厂的转炉和阳极炉中处理，因为这种铜废料冶炼中要吸收大量热。通常块(粒)度较大时，也不适于在一些铜精矿熔炼炉(如闪速炉)中处理。但有几种原生铜冶炼工艺适于处理这种铜二次原料，如 Isasmelt 炉、Noranda 炉、反射炉、顶吹回转炉等。

因为电炉产生的烟气量少，因而电炉也适合处理低品位铜二次原料。

3.8　铜循环生产成本

根据企业的实际生产和设计数据，1 t 再生铜的生产过程中物流能耗和生产过程中各主要工序的能耗见表 3-17、表 3-18。

表 3-17　1 t 再生铜的生产过程中物流能耗

工序	物耗	能耗
鼓风炉熔炼	铜废料 600 kg、精炼铜渣 73.7 kg、供风 500 m³	焦炭 95 kg、电力 100 kW·h
反射炉精炼	铜线 584 kg、残极 215.1 kg、供风 535 m³	油 484 kg、焦炭 9.7 kg、电力 107 kW·h
电解精炼	硫酸 3 t	电力 268 kW·h、低压蒸汽 1.6 t
辅助材料	原煤 173.6 kg	864 kW·h(硫酸)3.2×10⁴ kJ(焦炭)
运输	运输材料 1 184 kg、运输距离 100 km	汽油 7.31 cm³

表 3-18　1 t 再生铜生产过程中各主要工序的能耗(×10⁴ kJ)

鼓风炉熔炼	反射炉精炼	电解精炼	辅助材料	运输	合计
306.5	2 008.3	537.9	314.2	25.3	3 192.2

生产 1 t 金属铜的环境影响如表 3-19 所示。1 t 再生铜能源消耗为原生铜的 29.8%，温室效应为原生铜的 25.7%，酸化效应为原生铜的 2.3%，对人体的毒害仅为原生铜的 2.4%。

表 3 - 19　生产 1 t 金属铜的环境影响

金属	能耗/(×10⁴ kJ)	温室效应/kg	酸化效应/kg	对人体毒害/kg
再生铜	3 192.2	4 830.0	33.0	38.9
原生铜	10 697.5	18 825.8	1 406.4	1 599.9

注：温室效应以 CO_2 计，酸化效应以 SO_2 计，对人体毒害以每 kg 人体所能承受的最大毒害计。

由中国有色金属工业协会根据 2003 年坑采、露采、冶炼过程的能耗，计算出生产每吨原生铜与生产每吨再生铜的能耗比较，每生产 1 t 再生铜相当于节能 3.328 t 标煤、节水 734 t、减少固体废物排放 420.5 t、减少 SO_2 排放 0.14 t。因此，大力发展再生铜是实现铜工业节能降耗和污染物减排的根本途径。

从建厂投资来看，废杂铜冶炼厂建设投资约 0.6 万元/t，比建原生铜冶炼厂的投资（2 万元/t）要低很多。

铜二次原料的品位变化范围很大（一般为 5% ~99.5%），处理过程的生产成本也相差较大。对于高品位的铜二次原料，加工成本约在 0.1 美元/kg；对低品位的铜废料，加工成本约在 0.5 美元/kg；中等品位则在两者之间。与之相比，原生铜生产（从品位为 0.75% 的硫化铜矿露采到精铜）的直接加工成本都在 1.1 美元/kg 以上。

第 4 章　铜循环利用的生产实例

4.1　铜循环利用生产实践概要

4.1.1　中国

我国铜原料的进口在 20 世纪主要为铜精矿和粗铜。20 世纪 90 年代以后，随着废杂铜回收技术的提高、废杂铜预处理基地的建立以及回收利用废杂铜效益的丰厚，国内进口废铜量迅速增加，到目前为止我国在进口铜原料方面已经是铜精矿与废杂铜并重。

20 世纪 80 年代前，虽然我国很注重二次铜的回收利用，但由于本底小，中国铜循环利用的生产规模较小，生产工艺也单一。当时处理铜二次原料的企业有上海冶炼厂、常州冶炼厂、株洲冶炼厂、天津铜厂、邢台冶炼厂等，基本采用鼓风炉熔炼黑铜—转炉吹炼粗铜—阳极炉精炼—电解精炼的三段法处理。

随着国内经济的发展，我国废杂铜市场在近十多年得到了快速发展，目前，中国铜消费量的近 1/3 来自废杂铜的回收利用。废杂铜的回收利用及交易状况对铜市场基本面产生了越来越大的影响。我国废杂铜市场随着循环经济建设的不断加强，有着更快更好的发展前景。我国废铜产业经过几十年的发展，已经形成了以民营企业为主体、大型企业为龙头、中型企业为基础的企业结构。以废铜直接利用为主、精炼电铜为辅的产业结构，以长江三角洲、珠江三角洲、环渤海地区为重点的产业格局，也已形成了从回收、进口拆解到加工利用一条龙完整的产业链，并出现了如浙江台州、宁波，广东南海、清远，天津静海等以进口废料为主及山东临沂、湖南汨罗、河南长葛、辽宁大石桥等以国内回收为主的废杂金属集散地。

长江三角洲、珠江三角洲、环渤海地区是我国经济最发达地区，也是铜的矿产资源最紧缺的区域，但却是我国再生铜和铜加工产量最大的地区。全国 80% 的铜加工企业分布在这 3 个地区，每年回收利用了全国 75% 的废杂铜。再生金属产业为这 3 个地区的加工工业和制造业的发展以及经济的快速增长做出了巨大贡献。这 3 个地区的再生铜产业具有各自的特色：珠江三角洲地区主要是进口废料进行拆解、分类、销售废铜原料；长江三角洲地区以浙江为代表，利用废铜生产铜材及黄铜制品；环渤海地区主要是以天津为主，主要利用废铜生产电线电缆。

现在，铜循环利用的生产主要分为两大块：一块为大型国有企业，如江西铜业公司、铜陵有色金属公司、大冶有色金属公司、云南铜业公司等，它们分别采用了闪速炉熔炼、诺兰达法和艾萨法炼铜。闪速炉熔炼工艺中铜二次原料主要是加入转炉和精炼炉中处理，诺兰达和艾萨法炉则可直接处理。国内的原生铜冶炼企业（如江铜、铜陵等）每年总计约处理 30 万吨（金属量）以上的铜二次原料。

近 10 多年来，在广东、浙江、上海和江苏新发展的一大批民营铜企业已成了铜循环利用的主体,它们铜的循环利用量约占全国总利用量的2/3(约80万吨)以上,其中如浙江宁波的金田铜业(集团)股份有限公司、浙江诸暨的海量集团有限公司已成为国内数一数二的铜冶炼－加工企业,天津大通和上海大昌铜业有限公司也是较大型的铜企业。此外,在东南沿海各省市还有一大批经国家环保总局批准的指定进口二次有色金属原料拆解和冶炼的加工企业。

4.1.2　国外

近10多年来,在西方工业发达国家中,随着家用电器等电子废弃物的日益增多和节能减排等环保意识的增强,其再生有色金属工业得到了较快发展,再生有色金属的产量和消费量均有明显提高,再生有色金属工业在整个有色金属工业中的地位日益重要。和中国不同,西方国家废杂铜的直接利用量较高,再生铜直接利用的废杂铜量约占其精铜总产量的一半左右,但再生铜产量较低。这主要是因为西方工业发达国家环保法规比较完善和严格,对污染企业处罚重。而再生铜的回收分类、重熔冶炼往往会给当地造成一定程度的污染。此外,由于废杂铜的种类、成分较复杂,回收重熔比较麻烦,还会增加熔炼的投资和经营成本等,上述因素促使了西方发达国家往往将废杂铜销往国外进行重熔处理。这种做法实际上是在转移污染,美国在这方面尤为突出。德国则由于一向注重环境保护,而其铜资源又比较短缺,故比较重视废杂铜的回收利用。

目前国外铜的循环利用规模只有美国和日本与中国接近,但它们有一个相同的特点,即直接利用率高、间接利用率低。除美国和日本外,意大利再生精铜产量2.9万吨,直接利用却达48.2万吨,说明这些国家资源利用效率都很高。它们在生产技术上也比我国先进,除有前述的闪速炉熔炼、诺兰达法和艾萨法外,还有三菱熔炼－吹炼法、布利登、康托普法等现代工艺。废旧电线电缆是采用大型切碎机破碎－重选分离－烘干联合机械自动化处理,劳动生产率高。

4.2　生产实例

4.2.1　中国

1. 宁波金田铜业(集团)股份有限公司

该公司1986年创建,现在是一家以循环铜冶炼—加工为主的国内大型有色金属企业。现占地面积69×10^4 m²,总资产18亿元,职工5 200人。公司下设冶炼、铜棒、铜管、铜线、板带、阀门、电工材料、磁业、贸易、进出口共9家生产型(分)公司、3家经营型公司。主要产品有阴极铜、铜合金、无氧铜线、各类铜丝、漆包线、各类铜棒、铜管、铜线、板带以及不同规格的铜阀门、管接件、水表、不锈钢材料、钕铁硼永磁材料等。该公司拥有先进的生产设备和检测仪器,通过了ISO 9001国际质量体系认证,标准阴极铜是浙江省在上海期货交易所注册的产品。

2003年该公司利用各种循环铜原料约15万吨;2004年利用各种循环铜原料20余万吨,产品销售量达25.65万吨;2005年利用各种循环铜原料约30余万吨,产品销售量超过35万吨,2006年的营业收入超过200亿元。

2006年,宁波金田公司把2003年以前的设备全部淘汰,净投入3亿元用于设备更新和技术改造，围绕保护环境，打造"绿色金田"，投入 1 200 万元建设了循环水处理系统，成为宁波市唯一的一家"浙江省节水型企业"。2005 年该公司自行开发的利用黄杂铜高效生产铜棒的加工技术——"大吨位熔炼—潜液转流—多流多头水平连铸"获得 2005 年度中国有色金属工业协会科学技术一等奖。

该公司处理的主要原料包括 1、2 号紫杂铜，黄杂铜以及各种低品位废铜料。入库的循环铜原料进行两次分拣。按不同的原料品质和种类分别进行冶炼和加工，从而大大提高了循环铜资源的利用水平。

1、2 号紫杂铜经反射炉熔炼—铸成线锭—加工成各种线材；次一些杂铜用反射炉熔炼、精炼—铸成阳极—电解精炼—电铜；各种铜合金废料经电炉熔炼生产各种棒、管、板带材等；有两个漆包线车间，产能约为 1.5×10^4 t/a。

目前，新建的污水处理厂已投入使用，生产过程废水经过水处理，基本实现了循环利用；采用布袋收尘取代了原来的湿法除尘，提高了收尘效率，并从布袋收尘中回收了氧化锌，弥补了部分环保开支。现在，单位产品的烟尘排放已从原来的 1.25 kg/t（产品）降至 1.12 kg/t（产品）；通过对反射炉熔炼的余热回收等节能措施，使总能耗下降 5%，单位产品能耗从 485.9 kW·h/t 降至 461.8 kW·h/t。

2. 云南铜业（集团）有限公司

云南铜业股份有限公司坐落于中国彩云之南的滇池之滨、铁峰山麓，物华天宝，人杰地灵。公司凭借"有色金属王国"的天时地利，其悠久的历史、先进的技术、科学的管理、优质的产品、热忱的服务和不懈的追求，使之在中国铜工业中占有重要地位，成为中国最著名、最有影响力、最具竞争力的铜冶炼企业之一。云南铜业（集团）有限公司是以铜生产经营为主，云南省委、省政府重点扶持做大做强的大型企业集团之一。

2006 年公司位于中国铜行业第 3 位，世界铜行业第 17 位，中国 500 强企业第 203 位，云南省企业排名第 1 位，列中国制造业第 99 位，中国企业效益排名第 126 名，中国企业纳税第 192 位。

该公司现已形成年产 40 万吨高纯阴极铜、电工用铜线坯 8 万吨、工业硫酸 65 万吨、金 10 t、银 450 t 的生产能力，并能回收铅、锌以及铋、硒、铂、钯等多种有色金属和稀贵金属。

目前云南铜业股份有限公司有一座 ϕ4.4 m 的艾萨熔炼炉，一台能力为 2 300 m³/h 的制氧机，一座贫化电炉，2 台 ϕ4.0 m×11.7 m 和 3 台 ϕ3.66 m×8.1 m 的转炉，3 座 150 t 固定式阳极炉。目前还在建设两台 350 t 的倾动式阳极炉。

集团公司尽管有铜矿山，但每年仍要进口 1/3 强精矿量来满足生产的需要。技术改造完成之后，特别是两台 350 t 倾动式阳极炉建成后，公司可形成 25 万吨粗铜的年生产能力，7~8 跨电解系列建成投入使用后即形成可生产 33 万吨/年电解铜的能力。正常情况下 3 台 150 t 固定式阳极炉将闲置下来，可以专门用来处理废杂铜，以增加电解铜产量，达到做大做强的目的。

该公司在现有流程条件下可以处理废杂铜量的设备有 5 台转炉和 3 台 150 t 的精炼阳极炉，处理废杂铜量主要取决于矿铜产量、冰铜品位、外购粗（条）铜的数量以及废杂铜的品质等。一般精炼反射阳极炉只能处理品位高（Cu > 95%）且成分不复杂的紫杂铜，其量与开启的反射炉的台数有关，还与生产组织有关，一般转炉热粗铜量多时，处理废杂铜将减少，转炉一周期可处理稍低品位的废杂铜（85% ~95% Cu），且要求废杂铜洗净、干燥、不含塑料、橡胶、编织物和油污等易燃物质，以便确保加料安全。转炉处理的废杂铜量取决于转炉的热平衡状态，也就是取决于冰铜品位、富氧浓度以及处理其他冷料量等。根据该公司现有的设备条件，保证热平衡，最多年处理废杂铜量为 3 万~3.5 万吨。新建 2 台 350 t 倾动式阳极炉投产后，情况将发生大的改观。现有的 3 台反射阳极炉可改为专门处理废杂铜。根据详细计算，一台 150 t 反射炉年处理废杂铜可达 3.7 万吨。如果使用 2 台，加上系统的处理能力，最终处理废杂铜能力达 10 万吨以上。

3. 江西铜业集团公司

江西铜业集团公司成立于 1979 年 7 月，是中国有色金属行业集(铜)采、选、冶、加于一体，现代化程度最高的国有特大型企业之一。目前，公司资产总值 390 多亿元。员工 3.4 万多人，是中国最大的铜工业生产基地和重要的黄金、白银及硫化工原料产地。是由江西铜业股份有限公司和德兴、永丰、武山、东乡四矿联合组成的江西省最大的企业。公司目前还拥有江西铜业铜材有限公司、江西耶兹铜箔有限公司、江西深圳南方总公司等多家实体与驻外机构。

公司拥有国内同行业最多的铜及伴生、共生的矿产资源，全国已开采的 5 大铜矿山均为集团所有，原料自给率在中国铜行业名列前茅。在海外资源开发方面，收购了北方秘鲁铜业公司股权、启动了吉尔吉斯斯坦金铜矿项目开发、获得了阿富汗艾娜克铜矿开发首选投标人资格。同时，正在实施城门山铜矿二期扩建工程、德兴铜矿 13 万吨扩产项目以及整合铅锌资源，建设采、选、冶一体化的铅锌产业。

公司主要产品有阴极铜、硫酸、黄金、白银、铂、钯、硒、碲、铼、钼、硫酸铜、氧化砷、铜精矿、铅锌矿、锌精矿、硫精矿、铜线锭、铜杆、裸铜线、漆包线、高档铜箔、精密铜管等。其中：所有牌号的阴极铜全部在伦敦金属交易所(LME)注册；"贵冶"牌阴极铜为中国名牌产品、国家质量免检产品；硫酸为国优金奖产品；铜杆为江西省名牌产品。公司产品出口美国、日本、欧洲和东南亚等 30 多个国家和地区，并建立了技术、经济、贸易往来。

2007 年，江西铜业集团公司实现销售收入 501 亿元、利税 81 亿元。如今，正秉承"用未来思考今天"的企业核心理念，瞄准世界铜行业前三强的目标，按照"发展矿山、巩固冶炼、精深加工、相关多元"的方向，不断推进公司各项事业的发展。

公司已形成了中国最大的铜冶炼生产规模，2003 年已达到年产铜 40 万吨的能力，2007 年形成了年产铜 70 万吨的能力，2010 年的铜冶炼将达到 100 万吨以上规模。江西铜业股份有限公司是集团公司的上市公司，它的前身是贵溪冶炼厂，创建于 1979 年，沿用日本闪速熔炼技术，设计能力为 7.5 万吨，1985 年正式投产，20 多年来经过前后多次技术改造，单台闪速炉能力提高到 30 万吨，并建有独立的年处理 10 万吨的废杂铜系统和其他配套设施。

除此之外，该公司有两个电解系列，一为传统大极板电解，二为艾萨电解，各为 20 万吨能力。第二套铜熔炼系统已经投入生产，总能力也为 40 万吨，其中包括处理矿铜的闪速熔炼和处理废杂铜的卡尔多炉 - 倾动式阳极炉以及艾萨电解系统。

江西铜业集团公司建有独立的卡尔多炉 - 倾动式精炼炉构成的新二段法处理废杂铜，到时将形成 20 万吨/a 的生产能力。

卡尔多炉和倾动式精炼炉的主要特点如下：

（1）卡尔多炉

卡尔多炉亦称氧气顶吹旋转炉，由于自身的旋转运动，不断更新着熔体－炉气－固体的接触表面，因而具有相当良好的传质传热条件，具有对原料变化适应性强的特点，非常适合处理各种不同温度需求的原料。炉体体积小、烟气量小、热效率高、拆卸容易、便于维修。但由于炉子间歇操作且操作频繁，影响炉子的寿命，造价高。

卡尔多炉由吹氧喷枪装置、炉体、滚圈、炉体倾动机构、炉体旋转机构、拖轮、压紧辊、止推辊、活动烟罩等组成。炉体由两个支撑圈支撑在一对或两对拖轮上，每个托轮由单独的直流电动机驱动，能够带动炉体作绕轴线的旋转运动。全套拖轮与驱动装置又被安放在倾动架上，可以使炉体前后旋转360°。

卡尔多炉处理废杂铜一般不需要预处理，从粉尘到块料都可直接入炉，甚至某些湿料也可加入炉内。混合料用加料翻斗车加入，它配备有称重装置，不同的废料依次加入并计量。

（2）倾动式精炼炉

倾动炉精炼工艺过程与固定式反射炉、回转式精炼炉基本相同，都要经过加料熔化、氧化还原、出渣和浇铸过程。

倾动炉的结构和固定式精炼炉基本相同，炉膛截面形状类似固定式反射炉，由炉顶、炉墙和炉底组成的炉膛分为熔池区和气流区，所不同的就是整台炉子支撑于两端的托辊上，由顶杆推动炉子的倾动，顶杆推动由两个液压油缸完成。

炉体的总重分布在顶杆上，由顶杆支配炉体，顶杆构件由两个底部件组成并与基础固定，托辊架和顶杆的上面部

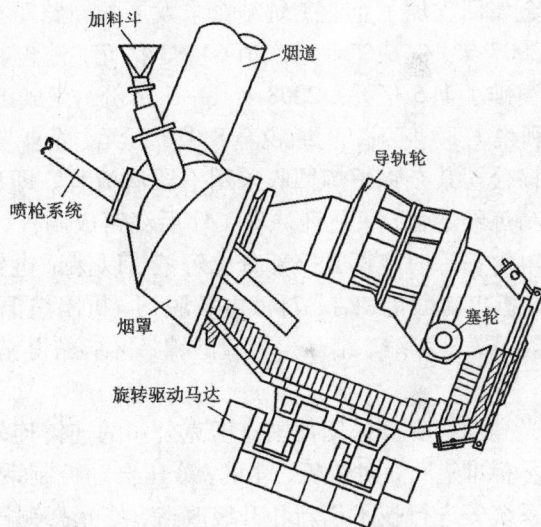

图 4 - 1　卡尔多炉示意图

件与炉体焊接。油缸安装在基础上，定位炉子的方向。倾转速度有两种，可以在规定的范围内选择，氧化还原和倒渣时使用快速挡，浇铸出铜时使用慢速挡。

倾动式精炼炉主要用于处理紫杂铜、电解残极、次粗铜、废纯铜等固体含铜物料，也可以处理液态粗铜，对于含铜品位较低的废杂铜，则需通过卡尔多炉熔炼（或鼓风炉熔炼－转炉吹炼）后方可进入倾动炉精炼。

4. 山东金升有色集团有限公司

山东金升有色集团有限公司始建于 1993 年，是以再生铜回收加工为主导产业，金融担保、物流货运、房地产开发等多元互动发展的企业集团。

在全国同行业中，它较早通过了 ISO 9001：2000 国际质量体系认证和 ISO 14000 环保体系认证，先后被认定和授予国家火炬计划重点高新技术企业、全国守合同重信用企业、全国创名牌重点企业、中国民营企业 500 强、中国有色金属工业协会理事单位、中国有色金属工业协会再生分会常务理事单位、中国电器工业协会电线电缆分会会员单位。

该集团公司下设临沂天宇铜业有限公司、临沂兴达金属回收有限公司、临沂华东有色金属城有限公司、临沂金升泡沫塑料有限公司、临沂金升房地产开发有限公司、临沂金升担保有限公司、临沂金运货运站等10个分公司。现有一条国际一流的年产能10万吨连铸连轧光亮圆铜杆生产线和一条年产10万吨高纯阴极铜生产线。光亮圆铜杆产品填补了山东省空白，并被国家科技部认定为"火炬计划高新技术项目"。"沂蒙"牌高纯阴极铜产品于2004年在上海期货交易所注册，是我国首家以高纯铜标准注册的民营企业。

为了保证公司原料的供应，把长期分散无序的市场规范归并成统一市场，同时为长江以北有色金属加工企业提供急需的原料来源，2005年该集团公司投入资金筹建了"华东有色金属城"。当前"金属城"已成为长江以北最大的废旧有色金属集散地和加工地，实现了循环资源的有效配置。华东有色金属城自建成运营以来，共吸纳来自全国各地的客商800余家。废旧有色金属年成交量达100多万吨，其中废杂铜30多万吨，废铅20多万吨，废不锈钢20多万吨，废铝及铝合金30多万吨，锌、镍、锡等其他有色金属10多万吨，走出了一条国内废旧有色金属回收加工企业工贸结合求发展的新路子。

2007年，完成工业总产值64.83亿元，销售收入63.42亿元，实现利税4.6亿元，纳税总额突破了1.5亿元。2008年1～5月份，完成工业总产值26.52亿元，销售收入25.87亿元，利税1.85亿元，上缴税金8 020万元，企业资产规模达到22.43亿元，再创历史新高。

该公司紫杂铜熔炼回收采用一段法流程，即反射阳极炉火法精炼工艺，以煤气为燃料，火法精炼经熔化、氧化还原等工序后浇铸成阳极，然后电解精炼得电铜。

电解精炼时定期开路部分电解液，以保证电铜品质，开路电解液的净化采用直接浓缩、结晶、析出硫酸铜；结晶母液电解脱铜，析出黑铜；黑铜直接出售或返回火法精炼；电解脱铜后液经蒸发、浓缩、结晶得粗硫酸镍；再结晶得精制硫酸镍。结晶母液作补充硫酸返回电解系统。

光亮铜杆生产采用德国克虏克公司的连铸连轧生产设备和国际康帝诺德生产工艺，产品按国际标准进行，对铸机、轧机、液压自动控制系统、高压喷淋系统、导轨系统以及产品品质监测系统等进行技术创新和升级改造，使光亮铜杆的产量和品质大幅提升。

5. 中国有色金属工业再生资源有限公司（简称中色再生）

中国有色金属工业再生资源有限公司是经国家工商行政管理总局注册，从事有色金属再生资源研究、开发和综合利用的国家级专业公司，隶属于西部矿业集团。公司创建于1984年，以"开发城市矿山，发展绿色产业"为宗旨，以"勤业、诚信、和谐、创新"为理念，以经济效益为依托、环境效益和社会效益为己任，以建立现代企业经营管理模式为契机，通过制度创新和管理创新，中国有色金属工业再生资源有限公司已经发展成为资本运营、产品经营、国际贸易、技术开发、信息咨询、行业服务、多业并举的集科工贸为一体的多元化综合性企业集团。该公司下属单位有：天津大通铜业有限公司、北京中色再生金属研究所、《资源再生》杂志社、中国再生金属网网站，并牵头创办了中国再生金属产业的行业协会组织——中国有色金属工业协会再生金属分会。

①公司控股的天津大通铜业有限公司是和天津电解铜厂、荷兰赛迪克有限公司三方合资于1993年正式建立的，大通公司以废杂铜为主要原料，生产标准电解铜和按客户要求加工成各种铜材。

大通公司采用"二段法"和电解精炼生产标准电铜。大通公司有三台反射炉和一台

0.3 m² 鼓风炉及电解精炼系统。目前两台反射阳极炉运行，一台备用，废紫杂铜经反射阳极炉火法精炼，铸成阳极板然后送电解精炼得电铜。阳极炉火法精炼渣含铜为 15% ~ 25%，送鼓风炉熔炼，产出黑铜返回阳极炉。由于阳极炉和鼓风炉的处理规模不配套，鼓风炉只能处理小部分火法精炼渣，大部分渣直接外销。所谓二段法，实为一段法或一段多一些，这是目前以废杂铜为原料的回收企业常用的方法。电解采用传统的小极板电解，为了保证电铜品质，定期开路部分电解液外销。据说该公司有意建立电解液净化系统，自行处理，现在正在筹划中。电解液的净化可以沿用"生产硫酸铜，然后电解脱铜，脱铜后再结晶回收硫酸镍"的传统处理方法，也可以根据企业的实际条件寻求其他方法处理。

目前大通公司年产粗铜 7 万吨，产电铜 3 万吨，多余部分粗铜直接销售给国内有色冶炼厂。

②北京中色再生金属研究所是由中国有色金属工业再生资源公司于 1999 年创建，研究所致力于再生有色金属发展战略研究、项目咨询和谋划、可行性研究以及新技术、新工艺的研究和推广，是集再生有色金属应用科学、软科学、信息、咨询、培训为一体的科研实体，也是中国职工教育和职工培训协会有色金属分会认定的国内唯一从事再生有色金属行业职工培训的单位，为中国有色金属再生工业的发展提供技术支撑。

2005 年 12 月 11 日，全国有色金属标准化技术委员会在北京召开了"再生有色金属标准化工作会议"，全国 50 多家重点再生企业参加了此次会议。代表们认真论证了由北京中色再生金属研究所修订的 GB/T 13586《铝及铝合金废料》、GB/T 13587《铜及铜合金废料》、GB/T 13588《铅及铅合金废料》3 个国家标准，一致同意通过。以上 3 个标准对完善我国有色金属循环经济标准体系、规范我国再生金属的回收、进口和加工利用有着重要意义。

研究所拥有一支多年从事再生有色金属技术开发、工艺设计、环境保护和企业管理的专业队伍；配备先进技术设备，借鉴国外先进再生金属技术，以出色的成绩推动了国内有色金属再生工业的发展。

6. 天津和昌环保技术有限公司

天津和昌环保技术有限公司承担"天津废旧电器回收处理示范项目"建设，建设地址位于天津宝坻九园工业园区内。项目计划总投资 1.1 亿元，占地 100 亩，年设计拆解能力 33 万台废家电。

处理工厂分为 5 个功能区：一是生产车间区，废旧家电的拆解与处理；二是车间办公区，车间管理人员办公和职工休息；三是厂区会议区，示范工程工艺技术演示，举行小型现场会议等；四是参观展览区，资源节约与环境保护教育，提高公众的环保意识，青少年资源与环保教育基地；五是车间仓库区，废旧家电回收储存。该公司从天津津工技校、天津轻工学校及天津人才市场招收了一批技术工人；专门聘请了日本和丹麦的废旧家电处理专家作为公司技术顾问，技术顾问为职工进行现场拆解演示与技术培训。

示范工程的旧电视机、空调和电脑主机 3 条手工拆解线已完成并投入试运行，通过项目的试运行，积累了有益的经验，为项目今后的发展打下了基础。大型破碎、分选等关键设备拟于今年陆续从国外进口。

4.2.2 国外

1. 德国凯塞冶炼厂

德国凯塞冶炼厂是典型的再生铜厂，也是一个有代表性的老企业。该厂位于特蒙德市，建于 1861 年，现有约 700 名职工，厂区面积约 30 km²，年产电解铜11.5万吨，同时还生产铜线锭、硫酸铜、硫酸镍、氧化锌、铅锡合金等产品。

（1）工艺说明

凯塞厂采用两段法与三段法相结合的工艺流程。采用此种流程有利于降低能耗并能提高有价金属的综合回收率。生产设备为传统的鼓风炉、转炉、固定式反射炉与常规的电解设备。该厂有两台鼓风炉，风口区截面积 3.75 m²(2.5 m×1.5 m)，日处理量为 150 t，床能率 40 t/(m²·d)，焦率 17%，鼓风炉废渣含铜 <1%。其中一台鼓风炉用来处理铜碎屑和粉状含铜物料，物料在入炉之前要经过制团；另一台鼓风炉处理黄杂铜及块状含铜渣料。鼓风炉产出的黑铜（品位为 75% ~85%）在两台 30 t 转炉中吹炼。两台阳极炉为固定式反射炉，床面积 60 m²，单位油耗 70~80 kg/t 阳极，炉内衬为铬镁砖。反射炉熔炼过程中，采用氧气氧化－插木还原法生产。

电解精炼的始极片生产采用钛母板，电解槽用塑料盖板加盖以减少热损失。蒸汽消耗为 0.8 t/t 铜，电流密度为 200 A/m²，电流效率95% ~97%，电力消耗250 kW·h/t 铜。线锭炉为两台 85 t 固定式反射炉，内衬为铬镁砖，采用氧气氧化，插木还原法生产。油耗 80 kg/t 铜，产品含氧 <250×10⁻⁶，硫 20×10⁻⁶，原料除电解铜外，还配入约 7% 的高品位紫杂铜。

（2）工艺特点

该厂废杂铜的分类管理十分完善，按品位、类别、物料形态分别堆放、分别处理，铜的回收率高，并且原料中的铅、锡、锌均能得到综合回收。此外，铜电解车间的始极片生产线设计成阶梯形始极片架，有独到之处。

2. 德国好望金属制品厂

该厂是一个大型铜加工厂，以电解铜为原料生产各种铜材。同时利用部分高品位(92%以上)的紫杂铜，经过相当于阳极炉的火法精炼后，直接与其他铜熔融体混合浇铸成棒坯或板坯。该厂有 2700 名职工，年产值 6.5 亿马克。主要产品有各种类型的紫铜管、紫铜带、紫铜板、铜合金棒材、型材。月产各类铜材约 12 000 t。

（1）工艺说明

好望金属制品厂(ASDRCO – SHAFT – RURNACE)有竖炉一台。竖炉采用 SiC 内衬，熔炼能力为 20 t/h。竖炉按不同铜料熔化出来的铜液作不同的处理。当熔炼高于 99% 的紫杂铜及阴极铜时，铜液经保温炉后进入连续浇铸机，或直接将铜液送往半连续浇铸机生产各类棒坯或板坯。当竖炉熔炼 92% ~99% 废铜物料时，则铜液送往转炉或平炉进行火法精炼，然后经连续浇铸机或半连续浇铸机生产棒坯或板坯。

（2）工艺特点

①为保证产品质量，废杂铜的分类与管理十分严格。

②对于铜品位在 92% ~99% 之间的紫杂铜，经竖炉熔化后进入转炉或平炉精炼。精炼后的铜液直接浇铸成各类板坯、棒坯，避免了反复熔炼，可提高铜的回收率0.2%以上，节约燃料折合标煤 400 kg/t 铜，经济效益好。

③该厂具有目前世界上唯一的大直径铜管铸造生产系统，其直径为300～1 500 mm，最长可达11 000 mm。

3. 沃尔费汉普顿金属有限公司(Wolverhampton Metal Ltd.)

沃尔费汉普顿金属有限公司采用机械分离电线、电缆包皮和导体，也是当前国外使用最普遍的方法，即滚筒式破碎分离法，电线、电缆首先剪切为长度不超过 300 mm 的小段，然后人工输入转鼓切碎机。在转鼓切碎机内电缆被切碎脱皮，碎屑从转鼓刀片底部直径 5 mm 的筛孔漏出。转鼓转速为 3 000 r/min，转鼓直径为 762 mm，转鼓刀片与底部筛板的间隙为1.5 mn，转鼓切碎机的处理能力为 1 t/h，电机功率为 30 kW。从筛孔漏出的碎屑用皮带送至料仓，再通过振动给料机送至摇床分离出铜屑、混合物和塑料(或橡胶)3 部分。铜屑送铜冶炼厂处理或生产出硫酸铜。混合物返回转鼓切碎机处理；塑料(或橡胶)出售，每吨废电线、电缆可产出 450～550 kg 铜屑，450～550 kg 塑料(或橡胶)。每星期可处理约 60 t 物料。该工艺的特点是：

① 可综合回收物料中的金属和包皮；
② 产出的金属屑纯度高，不含包皮，冶炼烟气易于净化；
③ 工艺简单，机械化、自动化程度较高；
④ 缺点是过程电耗高，刀片磨损快。

4. 日本三菱金属公司(Mitsubishi Metal Corp.)

三菱金属公司采用的熔炼–吹炼工艺处理的铜废料范围很大，小颗粒废料与铜精矿一起由旋转喷枪加入熔炼炉，大块料通过炉顶和炉墙溜槽加入熔炼炉和吹炼炉。三菱吹炼过程大量放热，可允许处理较多铜废料。最大块的废料是残极和阳极模，加入阳极炉处理。

日本的小坂冶炼厂在闪速炉中处理细粒铜废料，但加入量不能太多。事实上，电子废料由于含有大量塑料，用熔炼炉处理比转炉好，理由如下：

① 塑料有热值，可为熔炼提供热。
② 当间断燃烧时，塑料往往会产生烟和其他颗粒物，它们会由转炉口冒出，有害环境卫生。而在密封的闪速炉内燃烧时，它们容易在收尘系统中捕集。在熔炼炉中处理非塑料包覆的铜废料数量是有限的，因为这类废料熔炼纯粹是吸热过程，因此，这类废料大部分是由转炉处理。

5. 新泽西美国金属精炼公司

美国金属精炼公司于 1903 年从 Delamar 精炼厂开始运作，此后在提取和物理冶金方面进行了许多改革。工厂的生产范围很广，不同时期进厂的再生原料变化也很大。工厂曾先后生产过各种焊料、贵金属、铋、再生铝、镍盐、特种铜盐、电解和雾化铜粉、硒和硒化合物、碲和碲化合物、贵金属(金、银、铂、钯、铱、钌、铑)以及半导体级的锗，进厂的原料可能是任何含铜的废料。

(1)散热器的熔析

约在 20 世纪 50 年代初，汽车散热器是将铜组件焊接在一起制成的，从而使散热器含有大量的锡和铅有价物。典型的散热器设计采用蜂窝或管式两种结构方式。尽管废散热器可直接加入鼓风炉或转炉处理，这将使锡和铅以氧化物、硫酸盐或氯化物进入冶炼或转炉烟尘中。如果在炉子中用过热蒸汽使焊料熔化，即将散热器进行"熔析"处理，就可使锡和铅得到回收。这是很容易做到的，因为含锡61.9%的锡–铅二元共晶体的熔点是183℃。系统遇到的最高温度也只是327℃（铅的熔点），这用蒸汽是不难实现的。将焊料从散热器中除去之后，余下的铜组件先用铲（抓）斗从炉中取出，再用运输机送走。熔析操作的特点是很少或没有有毒的飘尘和挥发物产生，再将这种焊料进行处理以除去某些杂质（如砷等），添加金属锡或铅进行合金成分调整，再铸成锭轧制线材。这是一种提高二次原料综合利用程度、提高经济效益的有利做法，可产出直接可销售的焊料、铅和铅－锡合金。但是，由于散热器生产工艺的变化，这种熔析操作已被取消了。

（2）印度硬币的处理

硬币的成分大致是50%的银和40%的铜，其余为镍和锌。选择的处理方法是火法冶金－物理冶金－湿法冶金联合法，以实现硬币中所有有价金属的综合回收。

首先将原料在高温下熔化，使金属锌挥发并烟化后用布袋收尘回收。脱锌后的熔融合金用空气雾化产出金属粉末。这种金属粉末在空气中焙烧，焙烧温度应选择为在焙烧中使银氧化物不稳定的温度，即使最初生成的银氧化物在焙烧温度下分解成元素银，在有过量的氧化铜存在时铜则转化成氧化铜和氧化亚铜混合物。将得到的焙砂骤冷，防止银重新氧化，然后用稀硫酸浸出，将浸出液过滤，滤液主要含硫酸铜和少量硫酸镍。浸出渣实际上是无铜的，将它加入到多尔炉中进行多尔合金的精炼过程。采用逆流浸出法完全可防止银以硫酸银进入溶液中，因为焙砂中有氧化亚铜存在，溶解的银被有效地从溶液中置换出来进入浸出渣中。

（3）电缆的处理

工厂从1960年开始，大量处理有绝缘包覆的电缆（线），当时这种原料是用鼓风炉处理。导线的绝缘体大多是PVC、聚氯乙烯、塑料以及特氟隆。熔炼过程中，氯化物和氟化物以无水氯化氢和氟化氢的形式释放出来，它们与烟尘中的金属氧化物反应生成氯化物、氯氧化物和氟化物。

要在冶炼之前除去这些绝缘物有许多方法，包括燃烧法、溶剂法，通过将导线加热使绝缘物软化，然后用机械挤压法除去，或采用机械切碎和空气分选联合法将绝缘物颗粒除去等方法。

机械破碎以及分选法，这是现在普遍采用的方法。但该方法将导致分离后的铜产品中一般还含有约1%的绝缘物，产出的铜米可直接加入阳极炉或线锭炉中处理。

机械破碎和分选法只适宜于绝缘物与导线松散的电缆，对于马达绕组、开关设备、电话废料、电子线路板等就不适用了。这些电线物料的粗细变化范围很大，通常是直接加入采用"热顶"操作的鼓风炉中处理。

"热顶"可使鼓风炉的料柱顶部保持在一个较高的温度。通常，鼓风炉料柱顶部是保持在一种还原气氛下，而且温度较低，炉子给料和燃烧产物逆流运动，有利于燃烧产物的热量传给冷的炉料，提高热效率。但是，再生有色金属熔炼中要求保持热炉顶和氧化气氛，以保证挥发性金属氧化物挥发进入产生的冶炼烟气。除采用热顶外，往往还需在料床上通过采用天然气或油燃烧器外加热，从而进一步提高炉顶的温度，提供足够的热量以保证绝缘物热分解产物在鼓风炉内充分燃烧。

在料柱上设立二次燃烧室，可完全保证电线的绝缘物完全燃烧，并使烟气中有足够的金属氧化物来中和绝缘物燃烧所产生的氢氯化物、氢氟化物，使工艺作业平稳，满足或超过环境条例要求。

（4）鼓风炉、转炉烟尘的处理

公司选择有色金属鼓风炉处理有色金属二次资源，熔炼和吹炼烟尘分别由各自的布袋收尘系统收集，布袋收尘系统的选择是基于工厂自己的生产经验，这种布袋收尘系统优于静电收尘和洗涤。最终，高氯化物含量的烟尘需要额外处理。研发证明，除去氯化物和大部分的氟化物可以通过复式分解来完成，常常是采用碳酸钠溶液浸出、分解。除银外，实际上所有的金属碳酸盐溶解度都比它们的氯化物和氟化物小，所以鼓风炉烟尘可有效地用复式卤化法处理，浸出、分解后的溶液加消石灰除氟后，含氯化钠的溶液送水处理。

该公司开发了一种脱氯烟尘的浸出工艺，这种碱性浸出法可以锌酸钠的形式提取烟尘中的锌，浸出液经净化后用电积法回收锌。该工艺可用于反射炉烟尘、转炉烟尘以及后来安装的电弧炉烟尘的处理。该工艺也可推广应用于钢铁厂含锌烟尘的处理以回收锌。通过开发这种适宜的湿法冶金工艺，使一般钢铁厂烟尘中以难溶的铁酸锌形式存在的锌转化成了易溶的氧化锌，铁则转化成方铁矿，从而实现用湿法回收锌的目的。

美国金属精炼公司开发了处理脱氯烟尘的工艺，可获得一种可销售的锡－铅渣和纯的电锌。虽然该公司早已经关闭了这套工艺系统，但其开发的这些工艺在许多再生金属冶炼厂得到了应用。

（5）鼓风炉、转炉作业

鼓风炉处理进入冶炼厂的大多数废料。在鼓风炉中使炉料中所含的大多数锡、镍和锑被还原进入黑铜中，黑铜中的铁来自杂铜原料。这种黑铜送至转炉吹炼，黑铜中的铁氧化而使转炉加热。锑和其他杂质在吹炼中除去多少，取决于获得的粗铜纯度和铜进入炉渣的损失。为了获得阳极铜所需的纯度，转炉炉料必须进行"深度吹炼"，这将使黑铜中大量铜氧化进入转炉渣。常常产出含铜高达 40% 的转炉渣，这种转炉渣再返回鼓风炉熔炼，在鼓风炉中转炉渣中的氧化铜又被还原成金属铜。因此，有相当一部分铜不断在鼓风炉和转炉间循环。

（6）电弧炉

除铜外，循环的转炉渣还含有大量的锑、镍、锡和贵金属有价物。转炉渣的循环导致部分镍和锡又被还原进入黑铜，回到转炉。因镍和锡无出口而在环路中积累，这种循环流中的镍和锡的价值是相当可观的。其余的有价金属则进入鼓风炉渣中。

为了回收鼓风炉渣中这些有价金属，安装了一台电炉以处理这种鼓风炉渣。炉内物料停留时间约 4 h，在氧化条件下操作，渣中的锌可以烟化挥发，以氧化物形态回收。镍、铜和锡以合金的形态定期从炉内放出回收，除镍、铜和锡外，还有大部分的钴以及实际上全部的金和银都进入合金中。

（7）高锑原料的处理

再生铜熔炼和精炼联合企业，对于含高锑原料的处理，是通过采用不同的熔炼和精炼方式来控制和除去锑。转炉吹炼中锑的除去量取决于允许多少铜进入转炉渣。粗铜中的锑是由不同的下游作业来控制。做法可以有：

①阳极炉中苏打粉造渣。通过加苏打粉（碳酸钠）进行氧化和熔剂造渣可除去锑和砷。

②阳极炉中生成难熔锑化物。存在转炉铜中的部分锑会转化成一种难熔物质，在电解过程中不会有什么变化。这种化合物对电解精炼作业没有影响，它毫无变化地进入阳极泥，不会改变电解液中锑的含量。

③从电解液中沉淀锑。随着时间推移采用了不同技术来降低电解液中的锑含量，如包括

将电解液冷却、加氧化砷净化和解析等。

④电解阳极泥处理时锑的控制。铜电解精炼中，在电解液中的反应可能生成不溶的锑化合物，还有铜云母以及阳极电解的其他不溶物，组成一个不溶相。这种阳极泥经冶炼、精炼回收贵金属。在阳极泥的熔炼初期大部分的锑就进入了一次熔炼渣中，即所谓的硅渣。由于这种硅渣不循环而是外销，所以精炼系统不会出现锑的积累。但是，这种硅渣外销将会造成经济损失。

（8）硒和碲产品

铜中的所有硒和碲最终都进入阳极泥。大部分的硒在过程中挥发，通过洗涤回收，少部分进入苏打粉渣中。实际上所有的碲都是从火法精炼过程的苏打和硝酸盐渣中回收的。公司从阳极泥处理过程中产生的渣和烟尘中回收产出工业级的硒和碲氧化物。除上述产品外，公司还开发了通过硝酸盐熔剂熔炼法生成高纯硒、二氧化碲碱性溶液电积生成金属碲以及用湿法冶金合成产出碲化铜。

（9）可溶阳极电解解析

解析是用来控制铜电解精炼电解液中铜和杂质的浓度，每天约抽取5%电解液进行处理。这其中的一半经电积脱铜后又返回电解车间，其余经额外的电积，直到将几乎全部的铜、砷、锑和铋从溶液中除去。这种额外电积，将全部铜和杂质脱出的工艺称之为解析。解析是特别费能的，铜电解车间约1/3的能耗是消耗在这种解析上。解析产出的铜品质低，必须返回冶炼厂再处理。

为了减少前述的解析能耗以及综合回收冶炼厂循环回路中的锡、镍和钴，将电弧炉处理的鼓风炉炉渣回收的金属铸成阳极并用来取代解析中的不溶阳极。这种阳极含有5%～15% Ni、2%～5% Co 和3%～7% Sn，其余73%～90%是Cu。因为这些金属（溶解）的电位能耗比铜高，因此，大量的阳极电流是用在了镍、钴和锡的溶解。但是，由于几乎全部的阴极电流都消耗在铜的沉积上，抽取的电解液中的铜量便逐渐被耗竭。由于铜电解的能耗大致是铜电积的1/5，在阴极大致也会出现同等的能量节省，电解液的这种脱铜方式能耗就可大大节约。这些特殊阳极中的金属有价物，包括贵金属，或在处理富氧化锡的阳极泥时得到回收，或在电解液脱铜之后，利用工厂现有的技术和设备，使镍和钴以结晶硫酸盐回收。极少量的锡氧化物在以后阴极再熔化时可造渣除去。

鼓风炉炉渣电弧炉处理以及产出的金属电解精炼生产作业，导致电解液解析作业能耗成本大大下降，阳极及所含的其他有价元素很易以金属或盐类回收。

（10）金、银和铂族金属回收

美国金属精炼公司生产的贵金属主要来自精炼阳极泥以及含贵金属的废料，如首饰、影像业的含银废料等。含贵金属高的废料可直接加入多尔炉处理。购进的再生铜原料中也可能含有极少量的贵金属，它们随铜的冶炼过程最终进入阳极泥中，还是由多尔炉处理。多尔炉熔炼和火法精炼产出一种银合金，通常约含1%的铜、1%～3%的其他贵金属。银合金用Thum－Balbach银电解法产出高纯的电银，其他贵金属则进入银电解的阳极泥中。这些阳极泥含有最初铜电解精炼阳极中的全部金和铂族金属。

第 5 章　生命周期分析和生态工业园区

5.1　生命周期分析

5.1.1　概述

生命周期分析理论起源于 20 世纪，其最初应用可追溯到 1969 年美国可口可乐公司对不同饮料容器的资源消耗和环境释放所作的特征分析。人们对原材料和能源无限制使用的特定大背景下，是从产品或服务的生命周期(从最初原材料的采集到最后所有残余物返回环境或被继续利用)每一阶段对环境可能产生的各种危害进行分析，形成一个相对自我封闭的循环体系。国际标准化组织(ISO)在环境管理体系标准 ISO 14000 中也继承了此观点，强调对产品可能造成的环境的危害跟踪要从原材料的选择就开始，直至最后产品的消亡。生命周期分析是一种以对人类环境负责的态度来系统分析人类活动(生产或服务)对环境可能产生的各种危害的手段。因为生产或服务的每一阶段都要利用能源、占用其他资源，它每时每刻都深深地打上经济的烙印，从一开始就利用生命周期分析来计算能源和原材料的使用效率，据此可以提出相应的提高和改善的措施，从而达到降低污染和成本的双重目的。

该方法通过对产品生产过程中物质和能量的输入输出，弄清产品资源和能源的投入量，弄清环境释放物种类、数量及对环境影响的类型和程度，从而改变原材料、能源组成，改进工艺，改变废弃物管理方式等，以获得更好的环境效益与经济效益。一个循环经济的经济系统是大幅度减少资源输入流的同时大幅度减少污染输出流，生命周期分析的理论构成了循环经济的微观经济思路，从资源和能源的整个流通过程对物资消耗和污染排放进行分析，从而得到全过程全系统的物流情况和环境影响，以此评价系统的生态经济效益的优劣。由此可见，生命周期分析法是实现循环经济的有效管理方法之一。

金属的循环(如铝、镁、铅、锌、镍和铜等)对"可持续发展"起正面作用的"三极"是指环境保护、经济发展和改善社会效益。再生金属生产可明显降低能耗，例如再生铝较之原矿提取可节能 97%，镁为 90%，铅为 64.3%，锌为 72.1%，铜为 70%。

应当指出，废料的收集和再熔炼(对金属回收而言)对任何生命周期评估都是最基本的部分。在进行生命周期分析调查时，对每种重要的资源消耗和对环境的排放都要收集起来并量化。

生命周期分析越来越多地被金属和其他物质产品的消费者、管理人员和政府部门用来全面评价综合环境效应。通过生命周期分析方法可帮助企业进行替代产品的比较或新产品开发或再循环工艺设计的论证，还能为企业争取环保证书，打破绿色壁垒，进入国际市场取得通行证。同样环境问题对政府而言可用于公共政策的制定。其中最普通的就是用于环境标志或生态标志标准的确定。怎样的产品是符合环保要求的，消费者很难对所购产品的环境性能做出正确的判断，厂家也不能武断地宣称自己的产品是环境友好的产品，只有通过专门的权威机构，依据相关标准用科学的评估方法对产品的环境性能进行确认，最后以标志图案的方法显示，才能引导消费者购买环保产品，促使企业采用清洁生产工艺制造环境友好产品。政府还可按环保要求调整采购进货政策，如美国克林顿总统在12873号决议中宣布未来政府的采购计划必须以生命周期量化评估为基础来决定环境优先产品，即与同类产品或服务相比，具有更少的对人类健康影响和生态健康影响，在采购过程的每一阶段都要辨识和分析潜在的环境后果。

5.1.2 生命周期分析的几个名词的定义

目前，有许多对生命周期评价（LCA）的定义，其中以国际环境毒理学和化学学会（SETAC）以及国际标准化组织（ISO）的定义最具权威性。SETAC对LCA的定义是：通过对能源、原材料的消耗及"三废"的排放的鉴定及量化来评估一个产品、过程或活动对环境带来负担的客观方法。

ISO对LCA的定义是：汇总和评估一个产品（或服务）体系在其整个生命周期间的所有投入及产出对环境造成潜在影响的方法。

生命周期评价是一种用于评价产品或服务相关的环境因素及其整个生命周期环境影响的工具。注重于研究产品系统在生态健康、人类健康和资源消耗领域内的环境影响，不涉及经济和社会方面的影响。

生命周期分析一般分为4大步骤：一是目标和范围确定，二是生命周期清单分析，三是生命周期影响分析，四是生命周期改进分析。

（1）目标和范围确定

这是生命周期分析的开始。首先确定产品或服务生命周期分析对环境影响的根本目标，再在此目标的基础之上来界定研究对象的功能、功能单位、系统边界、环境影响类型等等。这些工作随研究目标的不同变化很大，没有一个固定的标准模式可以套用，但必须要反映出资料收集和影响分析的根本方向。另外，LCA研究是一个反复的过程，根据收集到的数据和信息，可能修正最初设定的范围来满足研究的目标。在某些情况下，由于某种没有预见到的限制条件、障碍或其他信息，研究目标本身也可能需要修正。

（2）生命周期清单分析

生命周期清单分析主要是分析产品或服务所需的能源、原料加工过程中，加工成形投放市场后对环境产生的各种影响，及使用过程中、被废弃后对环境产生的各种影响，直至最后被环境无害地接受。在上述各环节中所产生的各种对环境不利的影响，产生的大气污染排放物，水污染排放物，固体废弃物及其他污染物的排放和处理。这一过程也包括了产品或服务的整个生命周期，从摇篮到坟墓。

我国在这方面也迈出了可喜的一步，于2002年颁布了《中华人民共和国清洁生产促进法》。该法明确规定生产中首先避免产生废物，必须对物资或能源进行充分利用，最起码要保证废物能够被环境接受，该法彻底改变了环境保护和工艺设计脱节的关系，打破了原先的环境保护被动地围绕现有落后工艺流程转的不利局面。原来的只是一种被动的、顾此失彼的围堵，而不是积极疏导。现代工艺流程设计应将环境保护和资源利用自始至终地贯穿整个工程中。生产者或服务提供者必须考虑到技术上及经济上的可行性，经济上的可行性不再是传统意义上的成本,同时要承担废物利用或清除的费用。对产品或服务进行从生产前、过程中、直至废弃后跟踪保护,不再是以制造出为产品终结点,而要求确保废弃后能被重新利用或对环境无污染,这就形成了一个完整的循环,确保经济的持续发展。

(3)生命周期影响分析

该部分就是评估生命周期清单分析中各种污染对环境产生的各种影响,组合和衡量环境效益。这是一个非常困难的过程,因为要量化评估污染,如评估噪声对人听力的损失是十分困难的,就是评估环境污染与经济损失的关系也是十分模糊的。

目前比较实用的方法是定性和定量相结合评估环境污染各因素对环境产生的各种危害,定量的描述也只是一部分直接经济损失,由此而引发的长远的间接损失根本无法统计。更多的则采用定性的分析方式,同样定性分析也存在许多问题亟待解决,如一种产生较小水污染的工序和一种产生较小的大气污染的工序,哪一个更好?必须有一种评价体系来衡量每一种污染的难易程度。一般根据各地具体情况对各种污染进行排序,对于大气污染比较严重的地区,自然大气污染处于优先考虑的位置,这种选择权重因子的方法并不能从根本上解决问题,最后结论的可行性依赖于选择权重因子的可行度。

此外,采用什么样的措施使排入环境的物质能够被环境接受,是末端治理还是用生命周期分析的全程控制或其他更好的方法,都有一个经济核算问题,谁的成本低,社会效益好,谁就是最好的。

(4)生命周期改进分析

只有进行了前三项的分析之后,特别是效应分析得出结论后,针对不利的情况进行相应的改造或采取更有效途径降低能耗和原料费用,积极探索减少或杜绝整个生命周期中产生的各种污染。

生命周期分析的四大步骤是相互依存的环节。某一产品的一次生命周期分析并不代表完成,而是下一次生命周期分析的起点。在此基础作出的相应调整措施,如改进原有工艺将对环境的危害减轻一部分,同时也要继续重新分析新工艺可能产生的各种危害,这样反复螺旋上升,直至达到或接近在范围确定中提出的根本目标。

5.1.3 影响范畴

生命周期分析常用的六个标准范畴包括:

①应用的能源和资源。一次能源(PE)。
②气候变化。全球变暖趋势(GWP)。
③臭氧层的破坏。臭氧消耗趋势(ODO)。
④光化氧化剂的生成。光化氧化剂的生成趋势(POCP)。
⑤土地和水资源的酸化。酸化趋势(AP)。
⑥富营养化。富营养化趋势(EP)。

目前,关于金属的毒性影响的标准范畴还没有制定出来。

5.1.4 金属循环的生命周期分析

生命周期分析的核心是"对一个产品、生产工艺(或服务)从原材料采掘、制造、销运、使用、回收、废弃与处置等过程的资源和环境影响进行综合评价,并寻求改善的途径"。按照美国病理和毒理学会 SETAC 的定义:生命周期分析是一种对产品、生产工艺及活动对环境的负荷进行评价的客观过程,它通过对能量和物质利用以及由此造成的环境废弃物排放进行辨识和量化来评估能量和物质利用对环境的影响,以寻求改善的途径。

当掌握了一些能耗、废料生成、水和空气污染等的有关数据时,如果要评估环境保护、环境可持续性和自然环境,首先,要尽量寻求在其生命周期内产生的污染轻而自然资源消耗少的产品。不同产品所造成的各种环境负荷有高有低,解答这个问题是很复杂的。较为有用的办法是列出生命周期清单,通过技术进步使污染和资源消耗得到最大减量化。图 5-1 表明,在铝的生产中耗水最多的是铸锭阶段。在铸锭阶段降低水的消耗对生命周期中水的消耗部分影响最大,这对缺水地区特别重要。

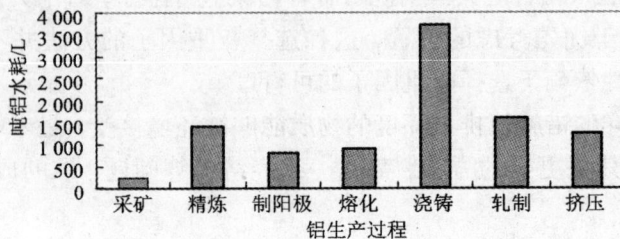

图 5-1 铝生产中的耗水量

在 1 个年产 8 万吨的立窑水泥厂清洁生产项目审核预评估中,应用生命周期矩阵分析了该厂水泥生产过程中能耗、物耗、污染物产生的原因,并为审核重点的确认提供了依据(表 5-1)。从表 5-1 中可看出,该厂水泥生产过程中,烧成过程粉尘产生量占整个生产过程的 74%,而生料的破碎过程的能耗占总能耗的 43%。因此,重点对烧成过程粉尘产生的原因及生料破碎过程电耗过高的原因进行分析,烧成过程粉尘产生的原因及电耗过高的原因及电耗过高的原因主要有:

①粉尘产生过程的原因。预加水成球不均匀造成成球品质不好,其后果造成粉尘排放量的增加;立窑敞门操作,明火煅烧,废气产生量大;收尘设备长期缺少维护,老化严重。

②生料破碎过程电耗过高的原因。一级破碎设备维护不及时造成出料粒径不均匀;生料磨选型欠佳,设备电耗指标较高。

通过以上分析,重点对该厂的这两个生产过程进行详细分析和测算,提出了 6 个无/低费和 1 个中/高费方案并予实施,最终节电 54 150 kW·h,粉尘产生量减少 37.2 t/a,实现了清洁生产的目的。

表 5 – 1　某水泥厂水泥生产过程的生命周期矩阵

序 号	生命周期过程		有毒有害物质	原料消耗 /(t·a^{-1})	电耗 /(kW·h/a)	废水 /t	粉尘 /(t·a^{-1})	噪声
1	原材料		无	43 086	76 262	5.3	—	—
2	制造加工	生料	无	50 511	1 282 980	无	11.9	较大
3		烧成	无	50 500	736 290	少量	177.2	有
4		制造	无	19 910	860 112	少量	38.5	较大
5		包装	无	19 800	28 710	无	5.3	较大
6	运 输		无	—	—	无	少量无组织排放	有

　　研究表明，再生金属的生产要比原生金属的生产大幅度节能。镁压铸件生产中循环镁的应用比例(%)节能情况如图 5 – 2 所示。

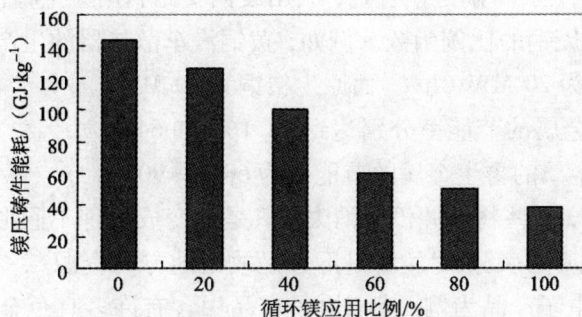

图 5 – 2　镁压铸件生产中循环镁的节能情况

　　回收对镁的压铸部件生产、应用和回收有关的整个生命周期温室气体排放会带来好处，图 5 – 3 为从原镁部件"一次生命周期"和从原部件回收的金属部件的后续生命周期中的等值 CO_2 生命周期的排放量比较。

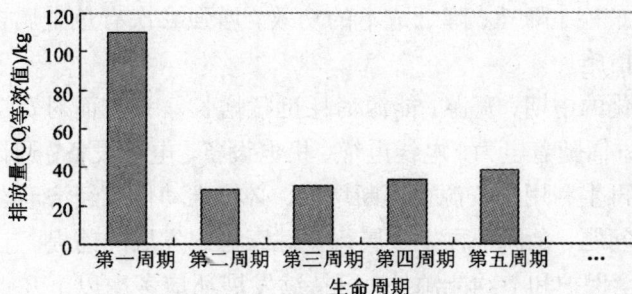

图 5 – 3　温室气体排放关系

5.1.5 金属循环的价值

回收废有色金属是节约能源、减少环境污染的有效手段。以铝为例，与以矿石为起点相比，生产 1 t 原铝需耗能 21 310.8 × 10⁴ kJ，而生产 1 t 再生铝合金能耗仅为 548.8 × 10⁴ kJ，只有原生铝的 2.6%，并节省 10.5 t 水，少用固体材料 11 t，比用水电生产电解铝时少排放 91% CO_2，比用煤电时减少更多的 CO_2 排放量；另外，少排放硫氧化物（SO_x）0.06 t，少处理废液、废渣 1.9 t，少剥离表土石 0.6 t，免采掘脉石 6.1 t。

2003 年全国铜冶炼综合能耗 956.96 kg 标煤/t，2006 年为 780 kg 标煤/t。回收利用废杂铜具体能耗视生产的产品及流程而不同，纯净杂铜生产铜合金（反射炉或电炉），综合能耗 0.17 ~ 0.25 t 标煤/t，纯净紫杂铜生产线锭铜（反射炉），综合能耗 0.207 t 标煤/t，一段法生产再生铜（反射炉—电解），综合能耗 0.21 t 标煤/t（云铜），二段法生产再生铜（鼓风炉—反射炉—电解）综合能耗 0.41 t 标煤/t，三段法生产再生铜（鼓风炉—转炉—反射炉—电解），综合能耗 0.64 ~ 0.72 t 标煤/t。

对于许多应用领域，铜、特别是铜合金，利用废铜要比利用原生精铜更有利，此时铜的生产能耗强度为所采用的废铜的比例函数。例如，黄铜汽车散热器的生产中，采用 40% 的废铜生产的铜材，能耗强度为 20 MW·h/t，而原生精铜为 30 MW·h/t。

同样，铅、锌再生金属的节能率分别达到 72.1% 和 64.3%，金、银、铂等贵金属和镍、铬、钛、铌、钴等稀有金属的再生金属的节能率为 60% ~ 90%。

根据物质不灭定律，这些物质并没有消失，只是转变成各种不同形态的物质而存在。这些物质成为将来再生资源的来源，"垃圾只不过是放错地方的资源"，"垃圾还是世界上唯一增长的资源"。以废旧电子产品为例，废旧电子产品中含有许多有色金属、黑色金属、塑料、橡胶、玻璃等可供回收的有用资源。废旧电器中还含有相当数量的如金、银、铜、锡、铬、铂、钯等贵金属。每吨随意搜集的电子板卡中，可以分离出黄金 0.453 6 kg、铜 129.729 6 kg、锡 19.958 4 kg。1 t 旧手机废电池，可以从中提炼 100 g 黄金。而普通的含金矿石，每 t 只能提取 6 g，最多不超过几十克。美国环保局确认，从废家电中回收的废钢代替通过采矿、运输、冶炼得到的新钢材，可减少矿废物 97%，减少空气污染 86%，减少水污染 76%，减少用水量 40%，节约原材料 90%，节约能源 74%，而且废钢材与新钢材的性能基本相同。再生金属的回收利用具有节能、降耗、降低成本的功效，增强二次有色金属资源的回收利用，是有效利用资源的重要措施。

我国已进入工业化的中期，资源、能源消耗迅猛增长。一方面对资源、能源的供应提出了严峻的挑战；另一方面随着电力、电线电缆、机电设备、电子设备、通讯设备等产业的迅速发展和更新。我国可再生利用的资源也不断增加，必将推动传统经济形态向循环经济形态的转型。认真解决环保问题，是保证再生金属行业健康稳定发展的前提。

如上所述，除环境保护和节约能源外，可持续发展还应考虑以下几点对经济发展及社会的影响和效果。

①金属产品具有耐久性、使用寿命长、经济和社会效果好的特点。例如，铝的回收具有较高的价值，有助于汽车经济的发展。

②废料市场价格波动，金属的回收会对物资回收部门的主要收入来源产生影响。

③支撑可持续发展的社会效果。例如，由于生活水平提高，使用制冷设施可为人们提供存放食物和适宜的温度条件，从而对人们的健康有好处。

④收集和回收废品还有其他许多好处，如减少了垃圾的填埋量和废料的堆积量，改善了空气品质，也可提供一定的劳动就业机会。

⑤回收废品还可以减少甚至消除在产品寿命终结时可能出现的任何危险。这一点对金属的回收特别重要。这不但是因为其回收价值高，而且因为金属具有耐久性，若长期在自然环境中堆存，由于其难以降解，因此就可能污染地下水。由此可见回收废品才是保证未来金属资源的可持续性的关键。

5.1.6　生产工艺分析

生产工艺按照生命周期影响范畴，包括金属生产的全过程及其影响范围。下面以澳大利亚铜镍湿法和火法生产作为金属生产生命周期分析实例。

由于严格的"从摇篮到坟墓"生命周期分析法的复杂性和缺乏有效的数据，所介绍的研究系统的边界仅限于"从摇篮到出口"，即这些工艺只考虑到可用于二次制造业的精金属。

表 5 - 2 给出了选定的矿物生产工艺，包括两种金属的火法和湿法加工处理。所有方法都包括采矿（除镍红土矿外，均为地下采矿）和选矿阶段，冶炼中还包括制酸。

表 5 - 2　研究中的生产工艺

金　属	给　料	加工方法
镍	硫化矿(2.3% Ni)	速熔炼和谢里特·高登法加压酸浸和 SX/EW 法
	红土矿(1.0% Ni)	
铜	硫化矿(3.0% Cu)	熔炼—转炉吹炼—电解精炼酸堆浸和 SX/EW 法
	硫化矿(2.0% Cu)	

表 5 - 3 列出了应用物品清单相关的数据，为了简便起见，忽略了一些对 GWP（变暖趋势）和 AP（酸化趋势）影响不重要的数据，如水的消耗。

表 5-3　应用的物品清单相关数据

工艺	物品清单			
	项目	能源	数量	单位
选矿、闪速熔炼和谢里特·高登法精炼	矿山	柴油	0.02	t①
		电	13	kW·h①
	选矿厂	电	35	kW·h①
	冶炼厂	油	0.60	t②
		煤	0.065	t②
		氧	0.148	t②
		电(1)	0	kW·h②
	精炼	氨	0.637	t③
		氢	0.070	t③
		天然气	0.370(2)	t③
		电	2 900	kW·h③
加压酸浸和溶剂萃取、电积	矿山	柴油	0.001	t①
		电	5	kW·h①
	加压浸出	天然气	1.95(3)	t③
		石灰	3.0	t③
		硫	10.35	t③
		电	3 581	kW·h③
	萃取、电积	电	4 070	kW·h③
选矿、熔炼、吹炼和电解精炼	矿山	柴油	0.002	t①
		电	13	kW·h①
	选矿厂	电	37	kW·h①
	冶炼厂	油	0.000 3	t②
		天然气	0.057	kW·h④
		煤	0.025	t②
		石灰石	0.026	t②
		氧	0.106	t②
		电	430	kW·h①
	精炼	电	300	kW·h④
		蒸汽	0.23	t④

续表 5 – 3

工 艺	物品清单			
	项 目	能 源	数 量	单 位
酸堆浸、溶剂萃取、电积	矿山	柴油	0.002	t[①]
		电	13	kW·h[①]
	破碎	电	2	kW·h[①]
	浸出、萃取、电积	电 L&SX	2 500	kW·h[④]
		电 EW	2 000	kW·h[④]
		蒸汽	0.23(4)	t[④]
		硫酸	0(5)	t[④]

注:(1)假定冶炼厂自供电;(2)假定包括蒸汽生产;(3)总能和电能之差;(4)假定与电解精炼相同;(5)假定过程产生的酸循环;(6)该表数值取自《有色金属资源循环利用》,322~323。

其中,①以每吨矿计;②以每吨精矿计;③以每吨 Ni 计;④以每吨 Cu 计。

Norgate 和 Rankin(2000)做出的 LCA 只限于两个影响类别,即气候变化(温室气体排放物用 CO_2 作为指标)和酸化作用(酸化排放物用 SO_2 作为指标)。研究结果按照总(或者全周期)能量消耗、全球变暖趋势(GWP)和酸化趋势(AP)总结如表 5 - 4。这些结果表明,镍生产的能耗高出铜的数倍,湿法工艺(包括溶剂萃取和电积)的能耗和全球变暖趋势值,两种金属都高于火法。铜的火法和湿法冶炼酸化趋势值基本相近,因为镍湿法处理的是氧化矿,所以镍的湿法冶金酸化趋势值要比火法低 50%。

表 5 – 4 铜和镍生产的总能耗、GWP 与 AP 值

金 属	工 艺	总能耗 /(MJ·kg⁻¹)	GWP 值 /W	AP 值 /W
镍	闪速熔炼、谢里特·高登法精炼	114	11.4	0.13
	加压浸出、萃取、电积	194	16.1	0.07
铜	熔炼、吹炼、电解精炼	33	3.3	0.04
	堆(酸)浸、萃取、电积	64	6.2	0.05

研究表明,如能在评估中包含工艺整个过程的全部收入和支出,就可估算出工艺对环境的总的影响。对于铜和镍生产的各工艺阶段,就其生命周期(全过程)而言,可以认为:

①镍和铜生产的火法冶金工艺,总能耗和温室气体排放要比湿法冶金工艺(含 SX 和 EW)低。

②无论是湿法还是火法冶金,酸(雨)性气体的排放量在采用硫化矿时都较小,因为矿石中的硫主要进入液相或被硫酸厂利用。

③镍的生产能耗比铜高数倍。

④矿石品位下降,特别是在矿石品位低于 1% 时,为达到温室气体的排放目标,对环境

的影响骤增。

⑤用天然气代替煤发电，因为天然气能效高，温室气体排放量大大下降。

5.1.7　再生铜的生命周期评价

1.研究目标和范围

由于二段法是目前我国采用最多的再生铜生产工艺，所以以此为研究对象，运用 LCA 方法定量评价生产 1 t 再生铜过程中的环境负荷。目的是比较再生铜生产中不同阶段的环境负荷，找出环境负荷最大的环节，为我国再生铜业技术改进提供依据。二段法是采用废杂铜经鼓风炉还原熔炼或转炉吹炼，再经反射炉精炼成阳极铜，最后电解精炼得到电解铜的过程，工艺流程如图 5-4 所示。

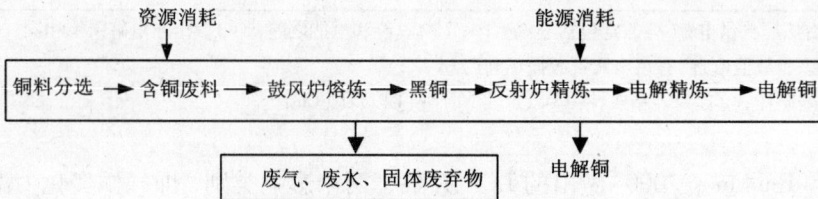

图 5-4　二段法生产电解铜工艺流程

研究系统边界如图 5-4 所示，与设备、基建设施相关的产品系统(包括运输车辆、机器、厂房等)不在研究范围之内。将电力和蒸汽等能源看作是由环境向系统输入的能量，这些能源生产所带来的环境负荷根据使用电力、蒸汽的多少，按比例计入该过程的环境负荷当中。运输过程假定以 3 t 载重汽车 100 km 计算，不考虑废水和固体废弃物的处理过程，对环境影响小于 5% 的辅助材料不予考虑(如石英)等。

2.计算依据

由国家统计数据计算生产 1 kW·h 电力的环境负荷：

发电 1 kW·h 耗标煤为 0.122 9/0.388 4 = 0.316 4 kg，我国终端用户消费 1 kW·h 的电力耗标煤为 0.316 4/0.93 = 0.340 2 kg。

燃烧 1 kg 标煤的环境负荷为：CO_2 为 3.28 kg，SO_2 为 0.023 kg，灰分为 0.22 kg。所以生产 1 kW·h 电力产生的 CO_2 是 0.3 402/1 000 × 3.28 = 1.116 kg。

由于电力生产为循环过程，发电要用煤，而采煤过程中要用电，煤和电的生产相互连接，构成一个永无休止的循环过程。通常，将这种网状系统假定为线性系统，即假设采煤用电忽略不计，使循环链中断，从而简化计算。但是如果网状系统比较常见，特别是生产系统的分析变得越详细，越复杂时，大量近似值的累积会使整个计算结果出现大的偏差。为解决此问题，先以假设值 X 进行计算，然后用计算出的值代替 X 重新计算。这样经过反复计算，直到计算出的值的变化小于所需的误差精度时，计算出的值与实际就比较接近了。采用逐步逼近法进行精确求解时，得到所耗标煤为 0.380 kg/(kW·h)，即从原煤到电力整个生产过程的能源综合效率为 32.32%。

所以生产 1 kW·h 电力的环境负荷，CO_2 为 1.247 kg，SO_2 为 0.009 kg，灰粉为 0.085 kg。

实际生产中各种形式能源消耗产生的环境负荷见表 5 - 5。

表 5 - 5　各种形式能源消耗产生的环境负荷

能源 形式	热量 /(×10⁴kJ)	折标煤 /kg	转换效率 /%	实际煤 耗/kg	环境负荷/kg		
					CO_2	SO_2	灰粉
电力/(kW·h)	0.36	0.122 9	32.32	0.38	1.247	0.009	0.085
循环水/t	0.418	0.143	32.32	0.442	1.45	0.01	0.097
低压蒸汽/t	275.88	94.13	38.84	242.35	794.9	5.57	53.32
空气/m³	0.146	0.050	32.32	0.155	0.51	0.004	0.034
燃料油/t	4 012.8	—	—	—	317.0	4.20	2.10

3. 清单分析

研究中使用的数据主要来源于企业的实际生产、设计数据和我国相关的统计年鉴以及有关文献。1 t 再生铜的生产过程中物流能耗见表 5 - 6，表 5 - 5 和表 5 - 6 中能源消耗产生的环境负荷计算所得结果如表 5 - 7 所示。

表 5 - 6　1 t 再生铜生产过程中的物流能耗

工序	物耗	能耗
鼓风炉熔炼	铜废料 600 kg,精炼铜渣 73.7 kg,供风 500 m³	焦炭 95 kg,电力 100 kW·h
反射炉精炼	铜线 584 kg,残极 215.1 kg,风 535 m³	油 484 kg,焦炭 9.7 kg,电力 107 kW·h
电解精炼	硫酸 3 t	电力 268,低压蒸汽 1.6 t
辅助材料	原煤 173.6 kg	864 kW·h(硫酸),3.2×10⁴ kJ(焦炭)
运输材料	1 184 kg,距离 100 km	汽油 6.3 cm³

表 5 - 7　1 t 再生铜生产过程的能耗和排放物清单

工序	能耗 /(×10⁴kJ)	气体排放物/kg			废水 /t	固体废弃物 /kg
		CO_2	SO_2	NO_2		
鼓风炉熔炼	306.5	427.2	3.0	1.0	—	252.5
反射炉精炼	2 008.3	1 698.5	3.2	6.9		225.2
电解精炼	537.9	1 606.0	11.3	1.8	1.0	108.1
辅助材料	314.2	1 079.7	7.9	1.0	49.1	30.0
运输	25.3	18.6	—	0.1	—	0.1
合计	3 192.2	4 830.0	25.4	10.8	50.1	615.9

4. 环境影响评价

(1) 数据分析

由环境负荷清单表 5-7 可以看出,再生铜生产中耗能最大的是反射炉精炼工序,占总能耗的 62.9%,其次是电解精炼和辅助材料消耗的过程,分别占总能耗的 16.9% 和 9.8%。反射炉精炼是为电解精炼提供合格的阳极板而对鼓风炉产出的黑铜去除锌、铅、锡、砷和其他杂质的过程,需要高温熔化状态下进行挥发和发生氧化还原反应,随着熔炼过程进行,温度要求控制在 1 150~1 350℃之间,熔炼过程较长,所以能耗最大。

气体排放最多的是反射炉精炼工序,占总排放量的 35.1%,其次是电解精炼和工序辅助材料,分别占总排放量的 33.3% 和 22.4%。排放的气体主要是 CO_2 和少量 SO_2、NO_2,是由于能源消耗引起的,所以其排放量的多少和能源消耗大小一致,并与能源效率相关。电解精炼过程消耗了大量的蒸汽,由于能源效率较低而有大量的气体排放。辅助材料中焦碳的生产过程有大量 CO_2 产生。

废水主要是由硫酸生产和电解过程产生的,此外,还有其他工序的冷却水等。由于再生铜生产过程不包括矿石采选,生产原料主要是回收的废铜,所以铜再生产过程中仅有少量固体废弃物产生。

(2) 影响评价

根据 LCA 研究中最具有影响的 SETAC 分类方法和模型确定的权重因子,将某种废弃物质排放的质量与产生的环境损害指数加权,从能耗、温室效应、酸化效应、对人体毒害四个主要方面计算 1 t 再生铜的环境损害如下:

将评价结果与采用相同方法得到的精矿铜的研究数据进行比较,如表 5-8 所示。

表 5-8　生产 1 t 金属铜的环境影响

金属	能耗 /($\times 10^4$kJ)	温室效应/kg	酸化效应/kg	对人体毒害/kg
再生铜	3 192.2	4 830.0	33.0	38.9
精矿铜	10 697.5	18 825.8	1 406.4	1 599.9

再生铜能源消耗为精矿铜的 29.8%,温室效应为精矿铜的 25.7%,酸化效应为精矿铜的 2.3%,对人体的毒害仅为精矿铜的 2.4%。由于再生铜生产实现了资源的二次利用,没有矿石采选和铜锍熔炼等过程,所以环境负荷远小于精矿铜。因此再生铜冶炼技术的提高和利用规模对于节约资源和能源,减小环境危害具有重要的意义。需要注意的问题是,由于铜废料中含有大量的 Zn、Pb、Sn、As 等有害物质,所以在铜的回收过程中应采用更合理、更科学的分类方法以减少再生产的铜废料成分的复杂性,加强生产过程中含有害元素的粉尘、气体和废水的处理。

5. 结论

①再生铜生产过程中耗能最大的是反射炉精炼工序,占总能耗的 62.9%。气体排放最多的是反射精炼工序,占总排放的 35.1%。废水主要来自于硫酸生产和电解过程,同时仅有少量固体废弃物。

②生产 1 000 kg 再生铜的能源消耗、温室效应、酸化效应和人体毒害分别为精矿铜的

29.8%、25.7%、2.3%和2.4%，再生铜具有非常良好的环境协调性。

5.1.8　管理和趋势

20 世纪 90 年代以来，在可持续发展战略指导下，世界各国尤其是西方发达国家日益将循环经济理念贯彻到环境保护和资源开发利用的实施方略中，把经济活动运作成为"自然资源—产品—再生资源"的闭环反馈式流程，注重再生资源的回收利用，整个经济活动基本上不产生或很少产生真正意义上的废弃物，从而使经济活动对自然资源和环境承载负荷的影响控制在最低限度。其中德国、美国和日本等主要发达国家注重对废弃物资源的立法活动，通过法律手段推进废弃物的回收利用工作，堪称这方面的典范。

首先，从发达国家立法的情况看，作为可持续发展战略的重要体现、循环经济重要组成内容的再生资源回收利用已成为这些国家社会生活中的基本问题，因此发达国家无不将再生资源回收利用事宜通过专门法律加以规定。发达国家的成效和经验对我国再生资源回收利用事业发展的一个很重要的启示，就是推动再生资源回收利用，关键是将资源循环利用理念融入环境资源保护立法中。通过建立健全环境资源保护法律法规，设立再生资源回收利用法律制度，对再生资源利用管理实施法律规制，保障再生资源回收利用事业的发展。因此，需要借鉴发达国家的经验，同时结合我国的国情，制订定科学高效的法律制度。现将西方国家一些相关的制度介绍如下：

（1）再生资源回收利用规划和计划制度

再生资源回收利用发展规划应是国家、地方国民经济和社会发展规划的重要组成部分，它是对资源循环利用发展战略目标、任务及其保障实施措施的总体部署。再生资源回收利用计划则是发展规划的实施方案，规定所要实现的各项具体指标及其对策措施，具体落实再生资源回收利用项目、设施、产品目标指标任务及保证完成任务的措施。如德国的《循环经济及废弃物法》规定，联邦环保局应当会同各级相关部门制定控制废弃物产生和对废弃物进行回收利用的综合规划。日本和美国的相关立法中都有类似的规定。

（2）扩大生产者责任制度

为了抑制产生废弃物以及对资源进行循环利用，生产经营组织对其设计、制造、进口、销售的产品，在经消费者使用后有义务进行收集、处置、再使用等。生产经营组织应当使用易于分解、拆解或回收再利用的材质、规格和设计，用产品分类回收标志，使用一定比例或数量的资源，使用一定比例可重复使用的包装容器。如德国的《循环经济及废弃物法》规定：制造者必须负责回收包装材料或委托专业公司回收。这就实现了材料上所附的充分使用的义务和不随商品流转而转的目标。如今在日本，解决废弃物问题，仅仅考虑处理"被抛出来的垃圾"的处置方式已经不行了，一直溯及到产品制造阶段的对策日益显得必要，这种旨在扩大生产者责任的法律制度在日本也产生了大影响。

（3）废旧物资回收清理付费制度

对于部分废旧物资如废旧家用电器、居民生活垃圾等，应当实行付费制。如日本的《家用电器再利用法》规定：以电机、电冰箱、洗衣机和空调为对象的家用电器，消费者购买时不仅需要支付新电器的货款，还要支付废旧电器的有关费用；商店和厂家有义务回收利用旧家用电器。将家电产品的回收费分摊到消者、零售商和制造厂家身上。产销方各负其责，消费者出回收费，零售商负责收集，制造厂家实际上要将60%的废旧产品进行回收利用。该法规公布后，仅东京一个地方，2001 年就回收旧电视机 20 万台左右。

（4）再生资源回收利用评价制度

再生资源回收的主管机构应对生产经营性单位的生产设施、主要工艺技术、原材料投入、产品包装等做出评价，评价后生产单位方可投产。这是对生产经营单位在技术、生产工艺、产品上是否达到资源消耗最小化、是否具备再生资源回收利用的条件进行的综合论证分析。

（5）再生资源的公告利用制度

再生资源回收利用事业主管部门应当会同相关行业主管部门发布再生资源名录，规定再生资源循环使用的办法，制定清运储存方法、设施规范、再使用规范、记录、申报及其他应遵循事项的管理办法。企事业单位不得对未在再生资源目录内的废弃物进行再使用或再利用。

（6）专业技术资格认证制度

从事再生资源回收利用的生产经营单位，应通过针对废旧家电、电子垃圾处理、报废汽车等行业方面专门设定的资格条件认定，实行经营许可证制度。这些资格条件包括技术水平、管理能力、环境保护措施等，回收处理人员也必须经过专门的培训，持证上岗，严格禁止不符合条件的企业和个人从事废旧物资的回收业务。

（7）政策倾斜和资金支持制度

除了对再生资源回收利用的生产项目和产品在信贷、税收等方面实行优惠，国家还可立法规定，在产品符合需求功能或效益的基础上，政府机关、学校、事业机构、军事机关在采购产品时，应优先采购政府认可的、运用再生资源或以其一定比例为原料制成的再生产品。如日本的《绿色购买法》明确规定，鼓励中央和地方政府率先购买和使用再生资源的环保商品。

（8）公众参与制度

资源实际所涉及的是全体公民的利益，为此，国家应通过法律引导全社会资源循环利用意识的形成和提高。例如，美国的《资源保护及回收法》规定：公众参与在最大可能程度上，每州都应建立程序，包括但并不仅限于建立技术和公众的技术委员会，以鼓励公众参与制定废弃物回收利用计划。美国各州及有关部门鼓励金属回收，包括各种电子废料、包装材料、车辆部件、建筑物以及其他产品中的废金属。例如，某金属产品年市场增长率为 5%，理论上对于耐用产品来说，用过的废品率不可能超过 0.50（50%）。的确，应掌握金属产品的不同特点和市场动态。回收金属废料不仅在经济、环保和社会效益方面具有重要的意义，而且能增强金属资源的"可持续性"。

5.2 工业生态学与生态工业园

5.2.1 工业生态学概述

1989 年 9 月，美国通用汽车公司的研究部副总裁罗伯特·福布什（Robert Frosch）和负责发动机研究的尼古拉斯·加罗什（Nicolas Gallopoulos）在《科学美国人》杂志上发表的题为《可持续工业发展战略》的文章正式提出了工业生态学的概念，认为工业系统应向自然系统学习，并可以建立类似于自然生态系统的工业生态系统，在这样的系统中每个企业必须与其他工业企业相互依存、相互联系，从而构成一个复合的大系统，以便运用一体化的生产方式来代替过去简单的传统生产方式，减少工业对环境的影响，这个定义的提出标志着工业生态学的诞生。

工业生态学的核心内容包括：

①构建工业生物群落，寻求"恰当的"的工业活动组合，使生产中的物质流、能量流得到最优化利用，如纸浆－造纸、肥料－水泥、炼钢－肥料－水泥等。

②一个理想的工业生态系统由资源开采者或物质制造者、物质处理者（制造商）、废料处理者和消费者构成，通过集约和再循环，使系统内不同行为者之间的物质流远远大于系统与环境之间的输入/输出物质流。

③根据质量守恒定律，进行工业代谢研究，分析构成工业活动全部物质的流动与储存。建立物质结算表，描述物质流动路线和动力学机制，揭示物质的物理和化学状态。

④对工业体系进行"生态结构重组"，即把废料作为资源重新使用；封闭物质循环系统，尽量减少消耗性排放；产品与经济活动非物质化；能源脱碳。

⑤改变现在的技术战略，根据"生态结构重组"的目标重新制定技术战略，重点是发展生态技术。

⑥改进工业体系，主要目的是提供高质量的综合服务，而不是生产和销售新产品。在服务经济社会里，资源和物质的最优化使用将是财富产生的源泉。因此，应延长产品使用寿命，以降低资源流动速度；集约使用物资，以缩小资源流动规模。

工业生态学的建立，完成了可持续发展理论的学科化，并以其丰富的内涵，极强的描述、解释和预测功能奠定了它的地位。

5.2.2　生态工业园

自然生态系统经过数十亿年的演化，一种有机体排出的废物是另一种有机体的物质和能量的来源，从而形成了完善的生态循环体系。自然界中的物质和能量通过绿色植物的光合作用吸收进入食物链，然后转移给食草动物，进而转移给食肉动物，最后被微生物分解与转化回到自然环境中，这些释放到环境中的物质又再一次被植物吸收利用，重新进入食物链，参加生态系统的物质循环。现实的工业生产中，一家企业排放或弃之不用的副产品对另一家企业可能是宝贵的原材料资源，这些企业存在着共生、伴生或寄生等依存关系，人们受到自然生态物质循环的启发，开始考虑将产生废物的工业生产过程相衔接，相关企业形成"企业生态链"（enterprise ecological chain），在整个工业园区内部形成完整类似大自然的循环体系，从而最大限度地利用自然资源，尽量减少工业废物的排放。按照上述理念规划建设的工业园区就称为生态工业园。

工业园区是一组概念的集合，是19世纪末在工业化国家中作为一种促进、规划和管理工业发展的手段出现的。它包括工业区、工业群、工业园、工业带和商业园等。与工业园区不同，生态工业园区是对工业生态学的具体运用，是指在一个园区范围内，各企业进行合作，以使资源得到最优化利用，特别是相互利用废料（一个企业的废料当作另一个企业的原料）。EIP作为一个工业系统，它有利于保存自然和经济资源；减少生产、物质、能量、风险和处理的成本与责任；改善运作效率、质量、工人的健康和公共形象，而且它还可提供由废物的利用和销售来获利的机会。值得注意的是，"园区"的概念不应使它们被理解成一定是某个地理上毗邻的地区。生态工业园区的概念区别于传统的废料交换项目的地方是，它不满足于简单的一来一往的资源循环，而是旨在使一个地区的总体资源增值。

虽然目前全球的生态工业园区已为数不少，而且其建园目的及管理模式也各异，但生态工业园区的类型可以总结、归纳为以下三类。

①全新规划型如，Cape charles 生态工业园。该类园区在良好规划和设计的基础上从无到有地进行建设，主要吸引那些具有"绿色制造技术"的企业入园，并创建一些基础设施，使得这些企业间可以进行废水、废热等的交换。这一类工业园投资大、起点高。

②现有改造型，如 Fairfield 生态工业园。对现在已经存在的大量的工业企业通过适当的技术改造，在区域内建立废物和能量信息中心及交换机构。因为很多传统的工业园区都面临环境污染严重、企业之间的相互合作少等问题，所以这类 EIP 是目前研究最多的一类，也是最具有实际应用价值的。

③虚拟 EIP，如 Brownsville 生态工业园。虚拟 EIP 不严格要求其成员在同一地区，它通过建立计算机模型和数据库，在计算机上建立起成员间的物料或能量联系。虚拟 EIP 的优点是可以省去一般园建所需的昂贵的购地费用，避免进行困难的工厂迁址工作，具有很大的灵活性和选择性。其缺点是可能要承担较高的运输费用。

研究生态工业园区具有重要的实际应用价值。在美国、法国、加拿大、丹麦、日本等发达国家，其发展趋势是将传统工业开发区改建成生态工业园区。中国现在正处于工业化进程中，我国有众多个各种层次、各种类型的工业开发区，随着环境污染的许多问题，也面临改建生态工业园区问题。如何将新的工业开发区直接建成生态工业园区，这些都需要深入研究。在此背景下，生态工业园区研究成果将为政府决策提供参考，为规划、设计部门提供理论指导，为企业绿色技术创新提供"路线图"和行动指南。

5.2.3 中国生态工业园区

我国在工业化过程中就选择生态工业园试点与建设工作，而西方发达国家是在完成了工业化以后才开始选择生态工业发展道路的。美国、加拿大是在上世纪 90 年代才启动生态工业园项目，日本也是在 20 世纪 90 年代经历了泡沫经济后，为寻求可持续工业发展道路才选择了生态工业园项目。我国是一个处于工业化时期的国家，离完成工业化还有相当一段路要走。但是，从总体来看，我们仍然把生态工业作为我国工业发展的必然选择，并纳入发展战略之中。就工业园的建设来看，我国经历了经济技术开发区到高新技术开发区两个阶段之后，迅即启动了生态工业园示范区规划与建设。建设经济技术开发区旨在追求工业发展"量"上的扩张，而高新技术开发区是追求"质"（技术含量）的提升，生态工业园示范区启动则是为了探索一条经济与环境双赢的工业发展道路。这说明，在工业园区的建设方面，我们也在探索一条新型的道路。

中国生态工业园区规划和建设起步较晚，1999 年我国开始启动生态工业示范区建设试点工作。2000 年 6 月，国家环保总局负责人在贵港调研时，提出了以贵糖集团为龙头建立生态工业园的设想；2001 年 8 月，国家环保总局批准建设贵港国家生态工业园区。除了贵港生态工业园外，中国还有诸如广东省南海国家生态工业示范园区、山东鲁北化工生态工业园项目、温州化工生态工业园项目、海南环保工业园项目等。

5.2.4　国外生态工业园区情况

20 世纪 50 年代，自发形成的丹麦卡伦堡工业共生体被誉为世界上第一个生态工业园。90 年代初，在一些学术论文和会议报告中开始出现了生态工业园的概念。于是，生态工业园作为工业生态学理论的具体实践便应运而生。20 世纪 90 年代中期，生态工业园的研究与实践在北美、欧洲一些发达国家得到长足发展，其中尤以美国的研究最为活跃，工作较为系统。目前，在美、日、加拿大、西欧等发达国家和地区已经有了一些或刚启动的生态工业园项目，在不发达国家如印度等国亦在规划与建设生态工业园。

1. 卡伦堡工业共生体系

卡伦堡是丹麦一个仅有 2 万居民的工业小城，虽然它作为工业城镇的时间并不久，但从历史上却可追溯到维京时代（viking age）。而今，这个城市中伫立着许多的大型加工企业。

卡伦堡工业共生体从 20 世纪 70 年代初在此逐步形成。当初，该市的几个重要企业试图在减少费用、废料管理和更有效地使用淡水等方面寻求变革，它们之间建立了紧密的协作关系。20 世纪 80 年代以来，当地主管工业发展的部门意识到这些企业自发地创造了一种新的体系，于是给予了积极的支持，将其称为工业共生体。

卡伦堡的工业共生体系是建立在一个由五个加工企业和卡伦堡市政府等所组成的合作网络之上的。由以下部分组成：

（1）Asnaes 发电厂

是丹麦最大的发电厂，发电能力为 1 500 MW，拥有员工 250 人。除了为卡伦堡市供热，发电厂还为炼油厂，Novo Nordisk 生物公司等提供蒸汽。这种热量和能量生产的结合使燃料的利用相比较于各自为政时改进了 30%。

卡伦堡市大约有 4 500 户家庭从发电厂获得地区热量，这代替了大约 3 500 个燃油炉，从而减少了大量的烟尘排放。

（2）Gyproc 石膏板公司

卡伦堡的石膏板公司年产 1 400 万 m² 石膏建筑板材，员工 165 名，该公司生产建筑用石膏板产品。由于发电厂在生产过程中产生了副产品石膏，从而大大减低了卡伦堡市对天然石膏的进口。同时，发电厂的石膏比天然石膏更加均匀和纯净，很适合石膏板的生产。此外，卡伦堡市政回收站的石膏填充物也被送往 Gyproc 石膏板公司，从而从一个较小的规模上减少了天然石膏的进口，且减少了固体废弃物填埋的数量。

（3）Novo Nordisk 生物公司

丹麦最大的生物工程公司，世界上最大的工业酶和胰岛素生产厂家之一。设在卡伦堡的工厂是该公司最大的工厂，员工达 3 000 人。生产的酶产品是建立在土豆面粉、玉米淀粉等原材料发酵的基础之上的。这种发酵过程会使单位面积内产生大约 15 万 m³ 的固体生物量，即所谓的诺沃肥 30。同时，9 万 m³ 液态生物量的诺沃肥也随之生产出来。经过灭活和卫生处理，诺沃肥被大约 600 位西兰岛西部的农民用作肥料，从而减少了他们对商业肥料的需求量。

该厂在生产胰岛素的同时，也为猪提供食物。胰岛素的生产建立在一个以糖和盐为主要成分的发酵过程之上，通过添加酵母转化成胰岛素。加热之后，酵母作为残留物，被转化成酵母浆，这是一种很好的饲料。而在酵母中加入糖水和乳酸菌，更能吸引猪。这些酵母浆替代了传统混合饲料中大约 20% 的大豆蛋白。去年，超过 80 万头猪食用了这种饱含酵母浆的饲料。

（4）Statoil 炼油厂

炼油厂是一家生产汽油及其他石油产品的企业，拥有员工330人，是丹麦最大的炼油厂，年产量300多万吨。它主要从发电厂获得生产用蒸汽和水。这些蒸汽占到了炼油厂使用蒸汽总量的15%。炼油厂用这些蒸汽来加热油罐、输油管道等等。Novo Nordisk 厂则用来自发电厂的蒸汽进行设备的加热和杀菌。此外，发电厂的一部分冷却水还被输送到一家年产200 t鱼的渔场。因为加热过的水更适合鱼的生存。

（5）Noveren 废弃物公司

Noveren 废弃物公司从各个共生的企业中收集废弃物。作为回报，各个参与的公司得到了原材料。Noveren 废弃物公司主要以填埋气为燃料发电。这些电被转卖给电力公司。另外，废弃物公司每年提供大约5.6万吨的易燃废弃物以满足大约6 500户私人家庭的电力需求和地区供暖形式的能源消费。

（6）地方农场

本地有几百个农场，生产各种作物。

（7）Kalundborg 市政当局

为居民提供供暖服务。

这种共生的指导原则在于：五个企业及卡伦堡市政府在商业性的基础上使用各自的废弃物和副产品。一个公司的副产品有可能是另外一个或其他几个公司的重要资源。这样运行的结果是减少了资源的使用和明显降低了环境的压力。此外，这些合作伙伴同时也会从它们的合作者那里得到经济利益，因为这个共生系统中每一方的参与都是以商业原则为基础的。其共生体简图见图5-5。

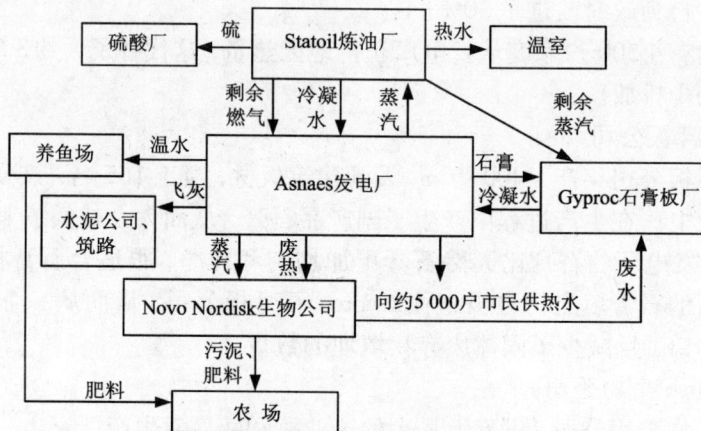

图5-5　卡伦堡共生体简图

Asnaes 燃煤火电厂是工业生态系统的中心，对热能进行了多级利用，它为制药厂提供所需的全部蒸汽，为炼油厂提供所需蒸汽的40%；其生产的余热提供给养鱼场，养鱼场的淤泥作为肥料出售。1993年电厂投资115万美元，安装了除尘脱硫设备，除尘的副产品是工业石膏，年产8万吨，全部出售给石膏厂，替代了该厂从西班牙石膏矿进口原料的50%；粉煤灰供筑路和生产水泥用。Statoil 炼油厂向硫酸厂供应其副产品硫，并向本地温室供热水，炼油厂向石膏厂提供热气，用于石膏板生产中的干燥，减少常见的热气的排空。1992年建了一车间进行酸气脱硫生产稀硫酸，供给 50 km 外的一家硫酸厂。炼油厂的脱硫气提供给电厂。来自 Asnaes 发电站的废热和蒸汽供 Novo Nordisk 药厂利用，该厂将制药废渣经热处理杀死微生物后销售给附近农场，用做肥料。

卡伦堡工业共生体的环境效益和经济效益突出，其环境效益见表 5-9。

表 5-9　卡隆堡工业共生体的环境效益

减少的资源消耗量	减少的气体排放量/t	废弃产品的重新利用量/t
油 19 000 t	CO_2 120 000	飞灰 135
煤 30 000 t	SO_2 3 700	硫 2 800
水 600 000 m³	—	石膏 80 000
—	—	污泥中的氮 800 000

其环境效益为：减少了资源消耗，减少了温室气体的排放和污染，废料得以重新利用。其经济效益同样十分显著，20 年间总投资额估计为 6 000 万美元，而由此产生的效益估计每年为 1 000 万美元。投资平均折旧时间短于 5 年。

其他废弃物，每年 Noveren 废弃物公司获得：

①11.3 万吨报纸和纸板，经过品质检查后卖给丹麦、瑞典和德国的纸板和纸张消费企业生产新纸和纸板、鸡蛋盒以及诸如卫生部门等所需的盒子。

②17 000 t 碎石和混凝土，压碎和分类后用于不同类型的地面。

③11.5 万吨花园和公园的废物，用于地区内土壤的改进。

④14 000 t 来自家庭和公司食堂的生活垃圾，用于堆肥和生产沼气。

⑤14 000 t 铁和金属，清洗后出售再利用。

⑥11 800 t 玻璃和瓶子，售给玻璃生产企业。

2. 美国工业生态园

美国是较早进行工业生态园实践的国家之一，表 5-10 列示了美国各地生态工业园的选址及特征。1994 年，美国环境保护局(EPA)和可持续发展总统委员会(PCSD)指定了 4 个社区作为工业生态园区的示范点，其中包括马里兰州的巴尔的摩、弗吉尼亚州的查尔斯角、德克萨斯州的布郎斯和田纳西州的恰塔努加。到 1997 年，已有 15 个生态工业园在建设与规划中，美国的生态工业园项目涉及到生物能源开发、废物处理、清洁工业、固体和液体废物的再循环等多种行业，并且各具特色。

表 5-10　美国各地的生态工业园

生态工业园	位置	特征
Fairfield Ecological Industrial Park	Fairfield Baltimore, Maryland	现有工业领域的转化, 协作生产, 肥料的再利用, 环境技术
Brownsville Eco-IndustrialPark	Brownsville Texas	区域或虚拟的废料有偿交换和利用

续上 5 – 10

生态工业园	位 置	特 征
Riverside Eco-Park	Burlington，Vemont	城郊农业工业园,利用生物能,废物处理
Port of Cape Charles Sustaina-Ble	Port of Cape Charles，VirginiaTechnologies Industrial Park	可持续技术,天然海岸特色
Civano Environmental Technologies Park	Civano，Tucson，Arizona	自然状态特色
Chattanooga	Chattanooga，tennessee	以绿色环保为主
East shore Eco-Industrial Park	Green Institute，Minneapolis，Minnesota	基于资源回收的工业园、生态园
Plattsburgh Eco-IndustrialPark Green Environmental Industrial Park	Plattsburg，New York Raymond，Washington	一个军事基地的重建,绿色环境
Shady Side Eco-Business ParkIndustrial Park	Shady Side，Maryland	技术合作,共建环境

3. 加拿大生态工业园

从 1995 年以来，生态工业园在加拿大安大略省多伦多的波特兰工业园区展开。该工业区汇集了有着废物和能量交换潜力的多种制造和服务行业。据对其共生和能量再循环的一体化生态工业园区可能的研究，加拿大 40 个工业园区中有 9 个被认为具备很强的生态工业园发展的可能性。其中涉及到的核心工业有蒸汽生产、造纸、包装、化学工业（苯乙烯、聚氯乙烯）、生物燃料、发电、钢铁、石油提炼、水泥等。加拿大一些生态工业园区见表 5 – 11。

表 5 – 11 加拿大一些生态工业园区

园区所在地	骨干产业
Vancouver，British Columbia	火力发电、纸浆、包装工业等工业园
Fort Saska Tehew An，Sask	化学品、动力生产、苯乙烯、PVC、生物燃料
Sau It Ste. Marie，Ontario	动力生产、钢铁、纸浆、胶合板工业园
Nanticoke，Ontario	供热站、炼油厂、钢铁厂工业园
Cornwall，Ontario	能源、纸浆厂、化学品、食品、电子设备、塑料、混凝土构件
Becancour，Quebec	化学品（H_2O_2，HCl，Cl_2，$NaOH$，烷基苯）、镁、铝
Montreal East，Quebec	化学产品、空压机、石膏板、金属精炼、沥青
Saint John，New Brunswick	发电、纸浆、炼油、啤酒、制糖等工业园
Point Tupper，Nova Scotia	发电、纸浆、构件厂、炼油厂

4. 日本生态工业园

日本从 1997 年开始规划和建设生态工业园区，并把它作为建设循环型社会的重要举措，已先后批准建设了 20 多个生态工业园区。北九州生态工业园区是其中做得较好的一个，该园区充分利用作为工业城市积累起来的技术、人才和工业基础设施，以及企业、研究机构、政府、市民建立的网络，将"产业振兴"和"环境保护"两大政策有机结合在起，实施独具特色的地区政策，北九州生态工业园有 4 个功能区：北九州市生态工业园区市心区、环保企业聚集区、再生使用区和环保研发中心。通过各企业的相互合作，工业园把环保相关企业发展成为废物排放为零的资源循环基地，特别是建立了复合设施项目，将生态工业园企业排放出的残渣、汽车的碎屑等主要工业废物进行合理地的理，并将处理过程中的物质再资源化，同时，利用产生的热量进行发电，提供给园区内的各家企业。

北九州生态工业园的建设有着非常好的企业基础，它是在区内单个企业的清洁生产和厂区内循环非常完备的条件下，去寻求企业间的能量和物质交换，最终实现物质闭路循环和能量的多极利用。

北九州在园区内开辟了专门的实验研究域，企业、政府、大学联合起来进行尖端的废物处理技术、再生使用技术和环境污染物质合理控制技术的研发，为企业开展废弃物再生、循环利用提供了技术支持。园区内进行了废纸再利用、填埋再生系统的开发、封闭型最终处理场、完全无排放型最终处理场、最终处理场早期稳定化技术开发、废弃物无毒化处理系统，以及豆腐渣等食品化技术、食品垃圾生物质塑料化等多项实验研究。循环经济概念新、涉及领域广、技术力量雄厚。

参考文献

[1] 李长久. 必须走循环经济发展之路. 2006:326~328

[2] 李巧玲, 吕欣, 周晓山. 以循环经济发展模式实现我国矿产资源可持续发展. 西部探矿工程, 2006(4): 98~99

[3] 兰月. 世界铜供应形势展望. 国土资源情报, 2005(5): 55~56

[4] 杨长华. 2007—2010年中国铜市场分析与预测. 中国铜加工技术与应用论坛文集, 2007(10): 114

[5] 兰兴华. 西方再生有色金属工业的发展. 有色金属再生与利用, 2004(1): 31

[6] 戴自希. 世界再生金属生产现状与趋势. 中国有色冶金, 2005(6): 14~20

[7] 曹异生. 中国有色金属再生资源回收利用及展望. 有色金属再生与利用, 2006(6)

[8] 尚辉良. 中国再生金属产业"十一五"开局之年大盘点. 世界有色金属, 2007(2): 30

[9] 杨长华. 2007—2010年中国铜市场分析与预测. 中国铜加工技术与应用论坛文集, 2007(10): 114

[10] 邱定蕃, 徐传华. 有色金属资源循环利用. 北京: 冶金工业出版社, 2006

[11] 翟昕. 中国铜再生金属资源利用状况与建议. 中国铜加工技术与应用论坛文集, 2007(10): 142

[12] 魏家鸿. 我国再生金属资源利用现状及建议. 世界有色金属, 2004(4): 18

[13] 何云辉. 云铜集团开发再生资源, 实现可持续发展. 昆明理工大学学报, 2004(3): 7

[14] 邱定蕃, 徐传华. 有色金属资源循环利用. 北京: 冶金工业出版社, 2006

[15] 中国统计年鉴(2001). 北京: 中国统计出版社, 2002

[16] 阎炳洲, 孟祥安. 降低鼓风炉渣含铜的生产实践. 有色冶炼. 1998(3): 16~19

[17] 李运刚. 紫杂铜再生节能新工艺. 冶金能源, 1994, 13 (4): 25~27

[18] 王子龙. 再生铜生产过程的问题及对策. 有色冶炼, 2002, 29(1): 44~46

[19] 路学成, 崔辉, 黄勇. 浅论有色金属的材料环境化. 有色金属再生与利用, 2004(12): 10~12

[20] 陆辉. 杂铜的火法精炼. 上海有色金属, 2001, 22(1): 19~22

[21] 姜金龙, 徐金成, 吴玉萍. 再生铜的生命周期评价. 兰州理工大学学报, 2006, 32(3): 5~6

[22] 王爱兰. 发达国家推进再生资源产业发展的经验及启示. 经济纵横, 2007(5): 59~61

[23] 王吉位, 尚辉良. 再生金属产业循环经济大发展. 中国有色金属, 2007(3): 23~25

[24] 王吉位. 铜的再生与利用在中国具有广阔的发展前景. 中国资源综合利用, 2005(1): 6~9

[25] 钟文泉, 王云岗. 废铜直接再生利用的方法. 资源再生, 2007(3): 16~19

[26] 张邦安. 铜的回收与再生利用. 有色金属再生与利用, 2005(7): 37~38

[27] 宋运坤, 沈强华, 钟忠. 我国废杂铜的回收利用现状与对策. 云南冶金, 2006